桃名优品种与配套栽培

编著者

马之胜　贾云云　王越辉

白瑞霞　马文会　武志坚

张宪成

金盾出版社

本书由石家庄果树研究所的马之胜、贾云云等老师编著。本书是依据作者多年的桃树种植经验编写而成。作者在书写各部分的内容中，主要致力于推广桃名优品种与配套栽培的新技术。全书内容共四章，包括：概述，名优品种，配套栽培技术，桃树病虫害综合防治等。全书内容详尽，技术先进，通俗易懂，适合广大果农和基层农业技术推广人员阅读，也可供农林院校相关专业师生参考。

图书在版编目(CIP)数据

桃名优品种与配套栽培/马之胜，贾云云，王越辉等编著．—北京：金盾出版社，2015.12(2018.4 重印)
ISBN 978-7-5186-0551-4

Ⅰ.①桃… Ⅱ.①马… ②贾… ③王… Ⅲ.①桃—品种 ②桃—果树园艺 Ⅳ.①S662.1

中国版本图书馆 CIP 数据核字(2015)第 227654 号

金盾出版社出版、总发行
北京市太平路 5 号(地铁万寿路站往南)
邮政编码：100036 电话：68214039 83219215
传真：68276683 网址：www.jdcbs.cn
北京军迪印刷有限责任公司印刷、装订
各地新华书店经销
开本：850×1168 1/32 印张：6.625 彩页：4 字数：154 千字
2018 年 4 月第 1 版第 2 次印刷
印数：4 001～7 000 册 定价：19.00 元

有 明 桃

春 美 桃

金露黄桃

美 硕 桃

大红袍桃（何华平提供）

玉霞蟠桃

早黄蟠桃

瑞光 39 号

瑞光美玉油桃

中油 4 号

金山早红油桃

晴朗油桃

桃树花期遇暴雪

桃果实日灼状

桃树主枝日灼状

桃树果实成熟期遇雹灾

桃树根癌病

桃树流胶

桃树叶片黄化状

蜗牛危害果实状

梨小食心虫危害新梢状

红颈天牛危害桃树

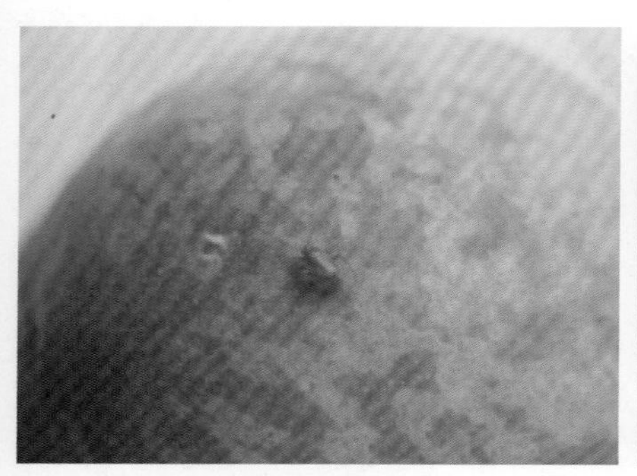

绿盲蝽成虫

桃疮痂病

前　言

桃原产于中国，是目前世界上最重要的核果类果树，是我国第三大落叶果树。它具有适应性强、分布广、易栽培管理、果实营养丰富和适口性强等特点，深受各国人民喜爱。

因为桃原产于我国，所以我国桃种质资源极其丰富。桃育种工作者在充分利用我国优良种质的基础上，引入了国外优良桃种质，并进行了有性杂交育种。通过几十年努力，特别是近20年，我国在桃育种方面取得了重大进展，一些优良新品种不断问世。在普通桃方面，已形成了从极早熟到极晚熟的系列品种，果实大小、颜色、风味和硬度等都有了很大改进。在油桃育种方面，虽还存在裂果等缺点，但经改良的品种已适合我国民众的口味，果实着色美丽，适应性强。在蟠桃及加工罐桃方面，也育出了一些优良品种，丰富了品种资源。

我们结合多年的桃树育种、栽培和植保实践经验，从大量的品种中筛选出了一批适合我国种植的普通桃、油桃、蟠桃和加工制罐桃品种，同时总结了国内外桃树栽培的科研成果和成功经验，并将这些内容加工整理，编著成了本书。本书以北方桃栽培技术为主线，介绍了南北方栽培的共性技术，同时也针对南方桃产区的特点，对南方的独特栽培之处进行了介绍。此外，书中还介绍了我国桃主产区各地特色产桃县（市）的桃产业基本情况。

笔者在本书编著过程中，力求技术先进、材料翔实、图文并茂、科学实用、通俗易懂、可操作性强，若书中有错误和不妥之处，敬请读者批评指正。

编著者

目　录

第一章 概 述

一、我国桃树品种区划

(一)西北高旱区

本区位于我国西北部,包括新疆、陕西、甘肃和宁夏等省(自治区),是桃的原产地。此区四季分明,光照充足,气候变化剧烈;降水量稀少(年降水量 250 毫米左右),空气干燥;夏季高温,冬季寒冷,绝对最低气温常在−20℃以下;生长季节短,无霜期 150 天以上;晚霜期在 4 月中旬至 5 月中旬之间,有时正逢花期,易造成霜害。

本区桃年产量最大的为陕西省,其次为甘肃省、新疆维吾尔自治区和宁夏回族自治区。

桃在本区适应性强,分布很广,尤以陕西和甘肃最为普遍。我国著名的黄桃多集中于此区,如武功黄肉桃、酒泉黄甘桃、富平黄肉桃和灵武黄甘桃等。本区黄肉桃的特点为汁少味甘,肉质致密,耐贮运;还有黏核、肉质细韧无红晕者,多适于加工制罐。著名的普通桃有渭南甜桃、庄里白沙桃、临泽紫桃、张掖白桃和兰州迟水桃等。陕西省眉县、商县、扶风等地产冬桃,12 月份成熟,极耐贮运。此外,新疆北部气候严寒,桃树须采用匍匐栽培。南疆桃栽培较多,盛产李光桃和甜仁桃等。

本区的武功地区引入南方水蜜桃较早,而野生甘肃桃、新疆桃和山桃则分布普遍。新培育的水蜜桃品种在本区栽培面积逐渐增加,现早、中、晚桃均有栽培,果实品质好。西北高旱桃区日照长,温差大，空气干燥，加工桃品质表现优良，尤其适宜加工生产黄桃。一些晚熟桃品种，如秦王桃在陕西省眉县的栽培面积较大，品质也较好。北京7号在甘肃省的栽培面积也较大。

该区甘肃省的天水、兰州，陕西省的渭北等地雨水少，油桃不裂果、品质佳，是绝好的桃生产基地，尤其是生产油桃的基地。

（二）华北平原区

本区处于淮河、秦岭以北，地域辽阔，包括河北、北京、天津、辽宁南部、山东、山西、河南、江苏和安徽北部，年平均温度为10℃～15℃，无霜期200天左右，年降水量700～900毫米。

根据气候条件的差异，本区又可分为大陆性桃亚区（北京、河北石家庄、山东泰安等地）和暖温带桃亚区（山东菏泽、烟台、青岛、临沂，河南郑州、开封、周口，河北秦皇岛等地）。

本区中有全国产桃量最大的2个省份，即山东省和河北省，两省产量之和占全国桃总产量的43.53%。

本区是我国北方桃树主要经济栽培区，土层深厚，排水良好，重视栽培技术，管理精细。虽然本区树体较大，果实单果重大，产量较高，果实外在品质好，但其内在品质稍差，主要原因是土壤有机质含量低，果农过分追求产量和果个，施化肥较多。由于本区降水量较少，日照时间长，病害较少，所以早熟品种一般不进行套袋，晚熟品种和部分中熟品种则进行套袋栽培。

蜜桃类及北方硬肉桃类主要分布于本区，著名品种有肥城桃、深州蜜桃和青州蜜桃等，这些品种适应性较差，分布范围狭窄，只在当地部分地区有栽培。该区栽培的品种多以果实硬度较大的品种为主。

该区是我国桃最适栽培区域。各种类型桃（普通桃、油桃、蟠桃等）在该区都可正常生长，成熟期从最早到最晚的品种都有，露地栽培鲜果供应期可长达6个多月。以河北为例，从南往北已形成了几个桃主产区，仅顺平县和深州市的桃树栽培面积就在 6 667 公顷以上。该区域的中南部地区以早、中熟品种为主，北部和东部地区以中、晚熟品种为主。

该区可大力发展油桃、普通桃及优质蟠桃，尤其是中、晚熟品种。该区北部是我国桃、油桃设施栽培的最适区，可大力发展。

（三）长江流域区

本区位于长江两岸，包括江苏、安徽南部、浙江、上海、江西和湖南北部、湖北大部及成都平原、汉中盆地，正好处于暖温带与亚热带的过渡地带，雨量充沛，年降水量在 1 000 毫米以上。土壤地下水位高，年平均温度为 14℃～15℃，生长期长，无霜期在 250～300 天之间。

本区桃树栽培面积大，是我国南方桃主要生产基地，其中，桃产量较大的省为湖北省、江苏省和浙江省。为提高桃果实外在品质，减少果实裂果和预防病虫，江苏、浙江一带普遍采用套袋栽培。本区树体较矮，桃产量相对华北地区较低，一般为 1 500～2 000 千克/667 米^2，但果实品质，尤其是果实内在品质较好，可能与该区土壤有机质含量较高有关（有的地区可达到 3%）。该区存在的主要问题是光照较差，病害较多（尤其流胶病较严重），树体寿命较短。

本区夏季湿热，适于南方品种群桃树生长，尤以水蜜桃久负盛名，如奉化玉露、白花水蜜和白凤等。江浙一带的蟠桃更是桃中珍品，素以柔软多汁和口味芳香而著称。南方硬肉桃品种栽培渐少，现零星分布在偏远地区；城市近郊则多向早熟品种发展，主栽水蜜桃品种有雨花露、湖景蜜露、大团蜜露、南汇水蜜桃等。同时，罐藏黄桃已大面积成片种植，成为食品工业原料的生产基地。

该区也是我国最大的经济栽培区域之一，以发展优质水蜜桃和蟠桃为主，并适当发展早熟油桃，但限制发展中、晚熟品种。近些年，本区油桃发展品种也较多，如曙光、中油 5 号和中油 4 号等。

（四）云贵高原区

本区包括云南、贵州和四川的西南部，纬度低、海拔高，拥有立体垂直气候。本区夏季冷凉多雨，7 月份平均温度在 25℃以下，冬季温暖干旱（在 1℃以上），年降水量 1 000 毫米左右。

本区桃树多栽培于海拔 1 500 米左右的山坡，多为粮桃间作，以粮为主。

该区产量最大的为四川省，其次为云南省和贵州省。其中，四川省的龙泉驿区是著名的桃产区。

本区是我国西南黄桃的主要分布区，著名品种有呈贡黄离核、大金旦、黄心桃、黄绵胡和波斯桃等。白桃则有草桃、白绵胡、沪香桃和简阳晚白桃等。

该区以发展优质水蜜桃、蟠桃、早熟油桃和加工黄桃为主，限制发展中、晚熟品种。

（五）华南亚热带区

本区位于北纬 23°以北，长江流域以南，包括福建、江西、湖南南部、广东、广西北部。夏季温热，冬季温暖，属亚热带气候，年平均温度为 17℃～22℃，1 月份平均温度在 4℃以上，年降水量 1 500～2 000 毫米，无霜期长达 300 天以上。本区桃树栽培较少，一些需冷量低的品种可以生长。本区域生产上以硬肉桃居多，如砖冰桃、鹰嘴桃和南山甜桃等。

该区宜发展短低温桃、油桃品种。近几年从台湾引进的短低温桃品种，如台农甜蜜等发展面积较多；穆阳水蜜桃则在福建穆阳一带发展较多；在高海拔地区（700 米以上）也可发展一些品种，如玫瑰露、大久保、雨花露和白凤等。

(六)东北高寒区

本区位于北纬41°以北,是我国最北的桃区。本区生长季节短,无霜期125～150天,气温和降水量虽能满足桃树生长结果的需要,但冬季漫长,绝对最低气温常在－30℃以下,并伴随干风,常使桃树受冻害,甚至冻死。所以,本区一般较少栽培桃树,只有黑龙江省的海伦、绥棱、齐齐哈尔、哈尔滨,吉林省的通化、张山屯等地匍匐栽培。在延边和延吉、和龙、珲春一带分布有能耐严寒(－30℃)的延边毛桃,无须覆土防寒也能安全越冬。其中果型大、风味好的珲春桃,为抗寒育种的珍贵种质。

该区可进行桃树的匍匐栽培,适宜发展抗寒性强的品种。

(七)青藏高原区

本区包括西藏、青海大部、四川西部,为高寒地带。海拔多在300米以上,地势高,气温低,降水量少,气候干燥。栽植于海拔2 600米以下的高原地带的桃树,多进行实生繁殖,其桃园管理粗放,产量较低,果型偏小,以硬肉桃居多,如六月经早桃、青桃等。在西藏东部及四川木里地区,野生光核桃种植较多,可供生食或制干。

二、我国桃的主产区特点

(一)江苏省无锡阳山镇

1. 基本情况　无锡阳山镇是江苏省主要产桃区,该区所产的水蜜桃被称为"无锡阳山水蜜桃"。近年来,该地桃产品成功通过了无公害农产品、绿色食品、有机产品三大农业标准体系认证,是江苏同行业中唯一的一家通过三大体系认证的产品。

2. 气候与土壤特征 阳山镇属北亚热带季风气候区，光照充足，降水丰沛，四季分明，雨热同期。夏季受来自海洋的夏季季风控制，盛行东南风，天气炎热多雨。冬季受大陆盛行的冬季季风控制，大多吹偏北风。阳山镇春季天气多变，秋季秋高气爽。该地常年平均温度16.2℃，年平均降水量1 121.7毫米，雨日123天，日照时数1 924.3小时，日照百分率43%。该地一年中最热是7月份，平均温度29℃，最冷为1月份，平均温度2.8℃。全年无霜期220天左右。

阳山是华东地区唯一的火成岩山，地质独特，含多种微量元素，特别适宜水蜜桃的生长。该地土壤类型多为水稻土，土壤pH值为5.5。桃种植多在平原地区。

3. 主要品种 目前，阳山水蜜桃已形成早、中、晚熟品种30多个。其中，早熟品种主要有：春蕾、早花露、霞晖、雨花露、银花露；中熟品种有：白凤、朝晖、朝阳、阳山84-2；晚熟品种有：湖景蜜露、阳山蜜露、白花、阳山84-1、阳山84-3、迟园蜜、迎庆。桃成熟期从5月中旬至9月中旬，长达120天。

4. 产业现状 阳山镇现有水蜜桃种植面积867公顷，投产面积600公顷，种桃专业户4 500户。全镇水蜜桃总产量15 500吨，产值10 030万元。阳山镇农民种桃致富的示范效应带动了杨市、藕塘、胡埭以及武进区雪堰、洛阳、潘家等周边乡镇扩种水蜜桃，一个以阳山为中心、总面积超过3 333公顷的水蜜桃经济区初步形成。

5. 品牌战略 阳山水蜜桃公司先后向国家工商总局申请注册了“太湖阳山”和“阳山”水蜜桃商标。

6. 市场销售 阳山镇建立了占地1万米^{2}的水蜜桃交易市场。成立了桃农协会，创办了“公司—农户—市场”三位一体的农副产品产业化经营的新模式，形成了产前、产中、产后一条龙的信息、技术、销售服务和市场建设管理体系。近几年，该地区还发展了一支300多人的水蜜桃经纪人队伍，与国内多家大型超市建立了购销体系，形成了一个由专业市场、经纪人、超市订单组成的多层次、广覆盖的销售网络。现在其销售范围除原有的沪宁线外，北京、杭州、宁波、深圳、哈尔滨等大中城市也增设了销售网点。此外，阳山水蜜桃已走出国门，出口到了泰国，并赢得了良好声誉。

7. 促进其他产业发展　自1997年起，该区连续10年举办了无锡阳山桃花节，吸引了各地游人，无锡、上海、南京等超市都争相上门订购水蜜桃。近几年，该地还对以水蜜桃为核心的农业休闲旅游业进行了探索，并规划建设了桃文化生态园、农家乐生态园和桃源温泉度假村。这一切，都提高了阳山水蜜桃的知名度，促进了阳山水蜜桃产业化持续健康发展。

（二）上海市南汇区

1. 基本情况　上海市南汇区被国家林业局评为特种经济林水蜜桃名、特、优商品基地，被国家林业局命名为“中国名特优经济林之乡”和“中国水蜜桃之乡”。2005年南汇水蜜桃被国家质监总局批准为地理标志保护产品，2006年被定为国家级水蜜桃标准化示范区建设基地，2008年南汇水蜜桃荣获“上海市名牌产品”称号。

2. 气候与土壤特征　南汇区位于北亚热带南缘，属东亚季风盛行地区，受冷暖空气交替影响，四季分明，冬夏长，春秋短。南汇区全年最冷时期为1月份，平均温度为3.2℃；最热时期是7月中旬至8月中旬，平均温度为27.4℃；全年平均温度为15.5℃；年平均无霜期为224天，年平均降水量为1 061.9毫米。该地区夏旱，夏秋间有台风；初春和秋末常有低温霜冻。

全境无山，均为冲积平原。土壤是由长江和杭州湾交汇冲积而成的以黄泥土和粉黄泥土为主的沙壤土，具有土质疏松、通气性好、排水良好、土层肥沃、pH值偏碱等特点。稳定、良好的土壤气候条件和长期特定的选种与栽培技术，形成了具有独特地域特色和品质特点的南汇水蜜桃。

3. 主要品种 南汇水蜜桃主要有三大品种：大团蜜露、新凤蜜露和湖景蜜露。这三个品种具有果个大、可溶性固形物含量高、皮薄肉厚、果肉致密、纤维少、香味浓和汁多味甜等特点。此区另有种植布目早生、仓方早生、白凤、塔桥一号、浅间白桃、清水白桃、玉露和上海水蜜等。

4. 产业现状 至 2012 年，南汇区有桃树面积 6 667 公顷，总产量约 7 万吨，是华北地区桃树面积最大的区、县之一。南汇已成为江南平原地区水蜜桃栽培面积最广、分布最集中、产量最大的区域之一。

5. 果品销售 主要在本地销售，供应上海市民。在该地区，政府相关部门健全了进村入户的信息网络，及时把全国乃至全球的水果产销行情在最短时间内传递到水蜜桃种植园和农户手中，供其销售时参考。此外，政府还帮助建立了延伸各地的营销中介队伍，树立了品牌，扩大了销售范围。本地还充分运用快速的现代化网络技术，尝试网上销售，利用特快专递公司的快递优势，网上订购，快递到户。

6. 带动其他产业 从 1991 年至 2014 年，南汇已成功举办 24 届桃花节。上海南汇桃花节已逐渐走出上海，走向全国，开始与北京香山红叶节、河南洛阳牡丹节齐名。

（三）山东省蒙阴县和肥城市

1. 蒙阴县

（1）基本情况 2008 年蒙阴县被评为“中国蜜桃之都”，同年“蒙阴蜜桃”获得中国农产品地理标志认证。“蒙阴蜜桃”还进入了农产品区域公用品牌 30 强，果品品牌 10 强，桃品牌第一的成绩（品牌价值 28.96 亿元）。“蒙阴蜜桃”已成为蒙阴农村和农民收入的主要经济来源，成为蒙阴县富民强县的特色、优势、支柱产业。

（2）气候与土壤特征 蒙阴县为纯山区地带，属暖温带季风大陆性气候，平均海拔 315.8 米，四季分明。该地区春季气温回升快，西南风多，雨水少，气候干燥，晚春常有霜冻和干旱等灾害性天气；夏季温湿度高，雨量充沛，降水集中，常出现大风、雷暴雨和冰雹等灾害；秋季，日照充足，温度高于春季，昼夜温差大，大都是秋高气爽的天气；冬季温度低，雨雪少，气候干冷。该地年平均日照时数为 2 257 小时，日照百分率为 52%；≥5℃积温为 4 703.1℃，≥10℃积温为 4 380.7℃，年平均温度 12.8℃，极端最高气温 40℃，极端最低温度－21.1℃；年平均降水量为 820 毫米，主要分布在 5～9 月份；无霜期 200 天左右。

土壤主要以棕壤土为主，土壤透气性好，褐土类次之，潮土类最少。土壤中含有较高的对人体有益的微量元素，土壤 pH 值为 6.8～7。

（3）主要品种 目前，栽培桃品种 60 余个，5 月份成熟的品种主要有中油 11 号、中油 12 号、早红珠和春蕾等；6 月份成熟的品种主要有曙光、中油 4 号、超红、春美、白凤、砂子早生和安农水蜜等；7 月份成熟的品种主要有红珊瑚、仓方早生、早熟有明、早凤王、朝晖和新川中岛等；8 月份成熟的品种主要有莱山蜜、绿化 9 号、晚九、秋红和北京 24 号等；9 月份成熟的品种主要有寒露蜜、锦绣和北京晚蜜等；10 月份成熟的品种主要有蒙阴晚蜜、中华寿桃和冬桃等品种。蒙阴县的桃品种成熟期主要集中在 7～8 月份，栽培面积占总面积的 64%。

（4）产业现状 2013 年桃栽植面积达 43 000 多公顷，产量 115 万吨，主要分布在蒙阴县的蒙阴、联城、常路、高都、野店、岱崮、坦埠、旧寨、桃墟、界牌和垛庄等乡镇，共计 400 余个行政村。

（5）品牌建设与果品销售 为提高蒙阴蜜桃的知名度和市场竞争力，打造蒙阴果品文化产业。截至 2013 年，该县共举办了 4

届全县优质果品赛果会，成功承办了2届“全国桃产业可持续发展论坛”和“全国桃产业发展现场观摩会”；利用多形式，多渠道广泛宣传蒙阴果品，提高“蒙阴蜜桃”的知名度和市场占有率，进一步开拓了国内市场，打开了国际市场。此外，该地对来蒙阴县购买果品的外地客户，发放绿色通行证，开辟绿色通道，积极推行订单农业，定向生产，走基地（农户）与企业、市场、超市“三对接”的生产路子。

2. 肥 城 市

（1）基本情况　山东肥城桃被誉为“群桃之冠”，又被称为“肥城”和“佛桃”。肥城桃的栽培已有1 100多年的历史。1995年肥城被国家确定为“中国佛桃之乡”。1999年和2001年连续2届在北京国际农业博览会上被评为国家名牌产品。2000年12月，经国家商标总局批准，肥城市肥城桃协会获得“肥城桃产地证明商标”的管理权；2002年，800公顷肥城桃通过国家绿色食品中心A级绿色食品认证；2006年，4 800公顷肥城桃通过国家绿色食品中心A级绿色食品认证。

（2）气候与土壤特征　该地区属温带大陆季风气候，四季分明，光照充足，气候温暖；年平均日照时数为2 607小时，年平均温度12.9℃，无霜期200天左右，年平均降水量659毫米。境内地势北高南低，由东北向西南倾斜；中部隆起地带为丘陵山地，北部是康汇平原，南部是汶阳平原；自然形成了平原、山地和丘陵等多种地貌形态。肥城市土壤共2个土类，5个亚类，12个土属，83个土种。其中，褐色土类96 393公顷，占土地可利用面积的98.1％。

（3）主要品种　肥城市现有桃品种100多个，其中结果品种达到80多个，形成了以传统佛桃、水蜜桃、中华寿桃和设施油桃等品种为主的早、中、晚熟品种系列，基本实现了四季产桃，已成为鲁中南具有一定规模特色的优质肥城桃系列品种生产基地。其中，肥城桃的品种类型也有很多，主要有佛桃、红里、白里、晚桃、柳叶和大尖等。其他品种则主要有新川中岛、莱山蜜、九月菊和寒露蜜等。

(4)产业现状　肥城市桃树面积6 667公顷，产量10万吨，产值近1亿元。主要分布在中部山区的桃园镇、新城办事处和仪阳镇。肥城桃生产专业村10余个。

(5)果品销售与加工　与北京汇源集团肥城汇源有限责任公司合作，加工肥城桃原浆和肥城桃系列饮料食品；与佛桃酒果酒有限责任公司合作，加工生产肥城桃系列白酒；本市3家肥城桃加工龙头企业年加工肥城桃1万吨以上。肥城桃开发总公司冷藏、保鲜设施达到6 000吨，年冷藏周转能力达到1万吨以上。本地注册了“仙乐牌”肥城桃商标；已发展各类肥城桃销售合作经济服务组织6家，肥城桃销售大户15家。肥城桃及其加工产品已销往国内20多个大中城市，初步形成了“中南沿海、长江沿岸、周边区域、加工原料”四大销售网络。肥城桃及其加工产品已远销美国、加拿大、韩国、日本、菲律宾和新加坡等国家，以及我国香港、澳门特区。

(6)带动相关产业发展　肥城大力开发桃旅游观光业，成功举办了13届肥城桃花节，以桃为媒，扩大开放，促进了市里二三产业的发展。近年来，肥城不断拓展肥城桃的产业功能和文化内涵，传统的肥城桃产业已发展成为融赏花、品桃、工艺品加工、桃文化展示和桃园风情游于一体的现代产业。

(四)河北省深州市和顺平县

1. 深 州 市

(1)基本情况　深州市被河北省林业局命名为“深州蜜桃之乡”和“河北省优质桃生产基地县”。2001年8月深州市被国家林业局誉为“中国蜜桃之乡”。2010年深州蜜桃获得国家地理标志产品保护。

(2)气候与土壤特征　深州市属东亚温带季风气候区，半湿润气候；年平均温度12.6℃，最冷月(1月份)平均温度为-4.1℃，最热月(7月份)平均温度26.8℃,全年≥0℃积温为4 863℃;无霜期200天左右;年平均降水量510毫米,其中80%集中在6～8月份;该地年平均日照时数为2 563小时,光照充足。但因四季降水不均,易受旱、涝和干热风危害。深州市属于潮土地带,为洪积冲积黄土。该市西部和西北部为潮土,东北部和中部为轻中度盐渍化潮土。

(3)主要品种　该地主要品种包括深州蜜桃、大久保、北京14号(京玉)、早久保、北京33号、优系大久保、砂子早生、中华沙红、仓方早生、美硕和红岗山等,年产鲜桃30万吨。

(4)产业现状　深州市桃树面积13 333公顷,其中结果面积1万公顷。种植区主要分布在穆村乡、兵曹乡、唐奉镇、深州镇和东安庄乡等乡镇,共80多个自然村。

(5)果品销售　鲜桃销售主要是外地客商来深州市购货,鲜桃生产专业村每村都有以果品收购站的形式组织本村货源,全市共有季节性果品收购站1 000多家,经纪人队伍有3 000多人。另有果品专业合作社101家,规模不等,活动形式多样,是果品销售的生力军。此外,深州还建成果品专业市场一个,占地6.67公顷,拥有110个门店。

(6)其他产业　来自北京、天津、山东、石家庄等地的游客已达15万人之多,实现旅游收入500多万元。为推动乡村生态观光游发展,当地以“住农家院、吃农家饭、做农家活儿、回归自然、放松身心、体验农家生活、尽享田园风光”为主题,推出了“春赏花、夏观果、秋品桃”的发展模式。生态观光游的火爆激活了一方经济,游客在赏桃花之时,还能品尝深州鲜桃,吃到深州农家饭,一览深州桃木工艺品,让游客观光之旅丰富之余,也为当地农民增添了致富之道。

2. 顺平县

(1)基本情况　顺平县被授予“中国桃乡”和“河北省优质桃生

产基地县”的称号。2010 年 800 公顷顺平桃通过国家绿色食品中心 A 级绿色食品认证，2010 年“顺平桃”获得国家地理标志产品保护。

(2)气候与土壤特征 顺平县属暖温带半干旱季风区大陆性气候，四季分明，春旱多风，夏热多雨，秋高气爽，冬寒少雪；年平均温度 12.2℃，最热月份为 7 月份，月平均温度为 26.5℃；最冷月份为 1 月份，平均温度－4.5℃；年平均降水量为 578 毫米；年平均风速每秒钟 2.3 米，春季平均风速最大，冬季和夏季次之，秋季最小；年无霜期 195 天左右。顺平县日照充裕，全年平均日照时数 2 523.4 小时，作物生长期间日照时数 2 030.9 小时，占全年总量的 80%。土壤类型有红棕土、褐土和白浆土，土层深厚。此地自然条件非常适宜桃的生长发育，是桃生产栽培的优生区。

(3)主要品种 以大京红、大久保和绿化 9 号为主，其中大京红和大久保是顺平县的拳头产品，多年来一直畅销不衰。其他品种还有早红珠、红宝石、丽春、极早 518、五月阳光、春雪、春艳、京春、雨花露、庆丰、早露蟠桃、顺研 2 号、红岗山、晚久保、北京 33 号、寒露蜜、白雪 3 号和霜仙红等。近几年又引进了其他品种，如中油 5 号、中油 4 号、春美、美婷、美锦、美博、霞脆、瑞光美玉、春雪、晶红和华玉等。露地桃供应时间从 6 月初至 10 月初，早、中、晚品种比例为 3∶4∶2。

(4)产业现状 目前桃栽培面积 6 667 公顷，产量 10 万吨，产值近 3 亿元。建立了以台鱼和河口 2 个乡为中心的优质桃生产基地，出现了 78 个桃专业村和 15 000 多个桃专业户。

(5)销售与加工 顺平县申请注册了“顺富”、“顺强”和“宏桥”商标。果实销售一是交售给当地桃市场客商(多是季节市场和马路市场)，占桃果销售的 60%；二是搭果品专业户专运车辆到大中城市市场直接批发销售，占桃果销售的 30%；三是少部分桃果通过合作组织供给超市，占桃果销售的 5%；四是剩下的果实由汇源和奥胜两家龙头企业收购，加工成桃汁或罐头。

(6)相关产业　顺平县有桃木加工企业十几家，生产桃木剑、桃木梳、如意、桃木笔、寿桃、壁挂和葫芦等30多种产品，年产值超过3 000万元。此外，桃花节每年接待游客50多万人次，消费收入达5 000万元。该地区有桃经纪人300多人；果袋厂2个，年产果袋2 000亿只；纸箱厂3家；喷药专业队30多家。同时，该地大力开发顺平桃旅游观光业，成功举办了14届顺平桃花节，以桃为媒，扩大本地开放，促进了二三产业的发展。

(五)北京市平谷区

1. 基本情况　平谷区是中国著名的桃乡，北京市的重要桃生产基地，被农业部授予"中国优质桃基地"，被国家林业局授予"中国名特优经济林桃之乡"，国家质量技术监督局检验检疫总局确定为"全国大桃标准化生产示范区"，被农业部授予"中国桃乡"。2006年平谷大桃获得国家地理标志产品保护。

2. 气候与土壤特征　平谷区地处北京市东北部，燕山西麓、华北大平原北缘，三面环山，属于暖温带大陆性季风气候，山区海拔1 100～1 188米。平谷大桃适合生产的海拔范围11～588米。年平均温度为11.5℃，最热7月份平均日温26.1℃，最冷1月份平均日温－5.5℃，≥10℃的积温4 121℃～4 945℃；年平均无霜期191天，昼夜温差大；全年平均日照时数为2 729.4小时，年平均日照百分率为62%；年平均降水量639.5毫米；降水季节分配不均，夏季雨量最多，年平均为479.1毫米，占全年降水量的74.9%，一般年份从10月份至翌年5月份干旱缺雨。此地多为沙壤土和轻壤土，pH值6～8，有机质含量≥0.8%。

平谷平原由洵河和泇河冲积淤积而成，属于微酸性沙质透气性土壤，加上周围群山贮藏着大量富钾火山岩，为桃树生长提供了大量的微量营养元素，使此地极适合桃树生长。

3. 主要品种 大久保、庆丰(北京 26 号)、京艳(北京 24 号)和燕红(绿化 9 号)。油桃品种主要有瑞光系列品种,蟠桃主要是瑞蟠系列品种,共计 200 多个品种。3 月底至 11 月底均有鲜桃销售。

4. 产业现状 全区种植桃树面积 1 133 公顷,产量超 11.5 万吨,形成了普通桃、黄桃、油桃和蟠桃四大系列 50 多个主栽品种,占北京桃总产量的 50%。产地主要集中于大华山镇、峪口镇、刘家店镇、山东庄镇、南独乐河镇和金海湖镇。

5. 果品销售 平谷区投资 2 000 多万元兴建的桃交易市场,年交易量达 8 万多吨,已销往国内 20 多个省(市)及港、澳、台地区,并出口俄罗斯、新加坡和泰国等国家,年出口鲜桃 1.3 万吨。用平谷鲜桃生产的桃汁已出口亚洲、欧洲和北美洲等几十个国家和地区,年出口创汇 500 多万美元。平谷区已经获得了国家授予的大桃自营出口权,并在国家商标局注册了商标。依托大桃生产基地,平谷先后投资建成了泰华、华邦和平乐等几个大桃加工龙头企业,产品销往日本、韩国、西欧等多个国家,以及我国香港、澳门特区与台湾省;建成了全国最大的产地大桃批发专业市场,使铁路、航空、海运和海关进驻市场办理手续,都迅速快捷。

6. 促进相关产业发展 随着平谷大桃的驰名,一年一度的平谷国际桃花烟花节成为市民休闲度假到京郊领略田园风光的著名景观之一。每到 4 月中下旬,此地都会吸引数以万计的城里人、艺术家和桃商到这里赏花踏青,或洽谈桃购销生意。桃产业带动了观光旅游、果品运销、中介服务、餐饮、住宿、包装、建材、运输和农机等相关行业的发展,产生的综合效益达 4.6 亿元;并且,大桃基地的形成,有效地改善了平谷生态环境,取得了显著的经济效益、社会效益和生态效益。

（六）甘肃省秦安县

1. 基本情况 2000年秦安县被国家林业局命名为“中国名特优经济林桃之乡”，2003年秦安蜜桃被天水市政府命名为优质农产品，2004年秦安蜜桃获国家级绿色食品认证。2006年8月，在北京举办的“奥运推荐果品评选会”上，秦安县生产的“北京7号”秦安蜜桃，被评为一等奖，同时荣获“中华名果”称号。秦安蜜桃于2008年通过了国家地理标志产品保护。2010年，在中国农产品区域公用品牌价值评估中，秦安蜜桃品牌价值为4.87亿元。

2. 气候与土壤特征 秦安县位于甘肃省东南部，天水市北部，属陇中黄土高原西部梁峁沟壑区，沟壑纵横。此地气候属温带半湿润气候，年平均温度10.4℃，年平均降水量507.3毫米，年平均蒸发量1 457.6毫米，年平均日照时数2 208小时，无霜期年平均178天。秦安县冬无严寒，夏无酷暑，四季分明，具有土层深厚、光照充足、热量丰富、昼夜温差大、生长期较长等特点，特别有利于优质果品的生产，是中国北方果树最适宜栽培区之一。土壤特点：土壤为黄绵壤土，pH值8.2。

3. 主要品种 目前露地栽培品种主要有春艳、仓方早生、沙红、红桃、八月脆、北京7号、大久保、绿化9号（燕红）、处暑红、红雪桃和甜油桃92-1等多个品种。设施栽培主要以油桃促早栽培为主，品种主要有艳光、曙光、华光、超红珠、丽春、千年红、东方红和极早518等。近几年该地又从相关科研单位引进了一批油桃和蟠桃新品种，如中油系列、瑞光系列和瑞蟠系列等。

4. 产业现状 该县桃树栽培面积6 333公顷，年产量9.92万吨，产值达2.4亿元；已建成桃日光温室337座，万亩桃基地2个，千亩以上桃基地20个，桃专业村64个。

5. 果品销售 秦安县依托“中国名特优经济林桃之乡”的优势，注册了“大地湾蜜桃”和“秦安蜜桃”商标。一方面，加强宣传和引导,统一包装,统一品牌,统一质量,提高了秦安蜜桃的市场占有率。另一方面,发挥协会的桥梁和纽带作用,把龙头企业、协会销售与桃生产基地结合起来,建立“公司+协会+农户”和“龙头企业+运销大户+农户”等运作模式,提高秦安蜜桃的销售和组织化程度。同时,秦安县对内建立了一批经政府认定的果品收购网点和经营队伍,规范果品营销渠道,对外实行分类、分级包装,统一标识,终端直销,树立诚信买卖的良好形象;成立了果品经纪人行业协会,组建了26个乡村专业果农协会,全县有2 500多名经纪人活跃于果品市场,积极为果品销售牵线搭桥。对外,秦安县通过建立信息服务平台,加强与省内外农业网站的联系,实现信息共享,网上交易,使果品畅销各地。

6. 促进相关产业发展 近年来,秦安县把源远流长的历史文化与蜜桃相结合,连年举办桃花会和蜜桃节。2007年举办了中国桃之乡——甘肃秦安果品博览会,2008年举办了中国天水秦安果品博览会等一系列的节会。与秦安蜜桃的展销和开发相结合,该地先后开发了柴家山蜜桃采摘观光园和刘坪万亩观光桃园等。以上措施都提升了秦安蜜桃的知名度和品牌效应,打响了中华名果——秦安蜜桃的优势品牌,促进了相关产业发展。

(七)浙江省奉化市

1. 基本情况 1996年奉化市被国务院发展研究中心农村发展部命名为“中国水蜜桃之乡”。由奉化市水蜜桃研究所注册的“锦屏山牌”水蜜桃在1998年、2001年2次被命名为浙江省名牌产品,并于2003年评为国家A级绿色食品。“奉化水蜜桃”是奉化市也是浙江省第一个获得农业部农产品地理标志保护的产品。

2. 气候与土壤特征 奉化市属低山丘陵地区,亚热带季风性气候,温暖湿润,雨量充沛。该地年平均温度16.3℃,年降水量1 350~1 600毫米,年平均日照时数1 850小时,无霜期232天左右。这一独特的地理环境及良好的自然条件为水蜜桃的生长提供了必备的基础，而且充足的光照条件及夏季昼夜温差大的特点，又非常有利于水蜜桃的养分积累和果实着色。奉化市土壤疏松、微酸，排水性能良好。

3. 主要品种 该地的主栽品种有早露露、雪雨露、砂子早生、塔桥、湖景蜜露、玉露、清水白桃、早台蜜、赤月、大玉白凤、新玉、林玉和迎庆等 25 个，使桃子成熟期从 5 月下旬持续至 9 月中旬，鲜桃上市供应期长达 4 个月。

4. 产业现状 全市奉化水蜜桃栽培面积 3 000 公顷，桃总产量 4.6 万吨，总产值达 2 亿元。目前，已形成了以新建、沙地、何家、林家、陈家岙、西圃、长汀和状元岙等 8 个村为中心，从溪口镇经萧王庙镇到锦屏街道，村村相连的水蜜桃生产基地。

5. 果品销售 全市还拥有数千农民组成的水蜜桃购销网络。水蜜桃从过去以供应周边地区为主，逐渐扩大销售到杭州、上海、广州、深圳、厦门等城市及香港特区。

6. 带动其他相关产业 奉化市人大常委会决定水蜜桃为奉化市市果，每年 8 月 2 日为“奉化水蜜桃节”。近几年又推出“奉化水蜜桃品尝采摘游”、“春赏百里桃花，夏品千顷桃香”等水蜜桃系列旅游活动，为水蜜桃提供了更为广阔的发展空间。

（八）四川省成都龙泉驿区

1. 基本情况 龙泉驿区是中国重要水蜜桃生产基地之一。1995 年龙泉驿区被国务院有关部门命名为“中国水蜜桃之乡”和“中国名特优经济林水蜜桃之乡”。龙泉驿水蜜桃曾先后荣获世界园艺博览会银奖、中国国际农业博览会金奖和银奖等称号。2008 年龙泉驿区水蜜桃成功入选“2008 奥运推荐果品”。2002 年龙泉驿水蜜桃获国家原产地地理保护标识。桃产业已发展成为龙泉驿区的优势特色产业，引领了四川其他地区桃产业的发展。

2. 气候与土壤特征　龙泉驿区属四川盆地中亚热带湿润气候区，山、丘、平原兼有，四季分明。年平均温度16.5℃，最冷1月份平均温度5.8℃，极端最低温度－4.6℃；最热7月份平均温度25.6℃，极端最高温度37.5℃。年平均降水量895.6毫米，集中在7～8月份2个月，冬、春两季干旱少雨，极少冰雪。年平均相对湿度为81％，历年平均日照时数1 032.9小时，年平均风速1米/秒，风向多为偏北风，年平均无霜期297天。具有春早、夏热、秋凉、冬暖、多云雾、日照时间短的气候特点。此地土壤以黄壤和紫色土为主，保水、保肥性强，透气性好，土壤中含有营养丰富的磷、钾等矿物质。土壤pH值较大，呈偏碱性。

3. 主要品种　全区种植早、中、晚配套品种40余个。5月份开始上市，10月份结束，上市期150天左右。主要品种有日本松森、北京24号、北京26号、八月脆、简阳晚白桃、皮球桃、北京27号、中油4号、中油5号、曙光、玫瑰红，双喜红、黄桃1号和黄桃2号，另有龙泉24号、27号和28号等。近几年又引进了霞脆、中油系列，瑞光和瑞蟠系列。

4. 产业现状　成都市桃的栽培面积近1万公顷，其中以龙泉驿区桃栽培历史最早、面积最大、影响最广；2013年龙泉驿区桃栽培面积达5 333公顷，果实成熟上市期为5月中旬至10月上旬，年产量8万吨，年产值3.5亿元。龙泉驿水蜜桃形成了以山泉镇为中心沿龙泉山脉向南北延伸，连绵30余千米的水蜜桃种植带，集中分布在山泉乡、茶店乡、柏合镇和同安乡的龙泉山地带。

5. 品牌建设与销售　实施“龙泉驿水蜜桃”地理标志保护促进了品牌发展。龙泉驿先后注册了“驿都牌”、“龙泉驿水蜜桃”等20多个商标，并与四川聚合国际生态有限公司、北京汇源果汁和成都市龙泉嘉禾有限公司等知名水果生产加工和营销企业进行使用。

6. 带动其他相关产业　龙泉人充分发挥特有的资源优势，大力发展桃花经济，建设相关旅游风景区。目前该地已经拥有300

多处成片景点。发端于1987年的"中国·成都国际桃花节"已成为享有较高知名度的国际性旅游、招商和民俗盛会，荣膺"改革开放30年影响中国节庆产业进程30节"，品牌价值超过1亿元。2009年接待游客达450万人次，旅游收入10亿元以上。2012年1月，成都桃花节赏花核心景点"桃花故里"正式被国家旅游局评为AAAA级旅游风景区。截至2014年，龙泉驿区共举办了28届桃花节。

三、桃树对气候和土壤的要求

(一)气　候

桃树是落叶果树中适应性较强的树种。桃树原产于我国海拔较高、日照长和光照强的西部地区，长期生长在土层深厚、地下水位低的疏松土壤中，较适应空气干燥、冬季寒冷的大陆性气候。因此桃树形成了喜光、耐旱、忌涝和耐寒等特性，对温度、光照和水分等也有一定要求。

1. 温度　桃树为喜温树种。桃树经济栽培区在北纬25°～45°。适栽地区年平均温度为12℃～15℃，生长期平均温度为19℃～22℃时，即可正常生长发育。我国不同桃产区平均温度见表1-1。

表1-1　我国不同桃产区平均温度和最冷、最热月温度　(单位:℃)

地　区	年平均温度	最冷月(1月份)平均温度	最热月(7月份)平均温度
河北石家庄	12.9℃	-2.9	26.5
北京平谷	11.5	-5.5	21.6

续表 1-1

地 区	年平均温度	最冷月(1月份)平均温度	最热月(7月份)平均温度
广东深圳	22.3	15.8	28.8
云南呈贡	14.7	7.6	19.7
四川成都	16.0	5.5	25.2
浙江杭州	16.2	3.8	28.6
湖南长沙	17.2	4.7	29.4
上海市	15.5	3.5	27.8
江苏南京	15.7	－2.1	28.1
河南郑州	14.2	－0.1	27.1
山东济南	14.2	－1.4	27.4
甘肃兰州	9.1	－6.9	22.1
新疆乌鲁木齐	5.7	－15.4	23.5
辽宁熊岳	9.0	－9.1	24.0
辽宁大连	10.2	－4.9	23.0
山西太原	9.5	－6.0	23.3

桃树属耐寒果树，但一般品种在－22℃～－25℃时就有可能发生冻害。桃树各器官中以花芽耐寒力最弱，如北京地区冬季低温达－22.8℃时，不少品种花芽和幼龄树就会发生冻害。2009年11月初，石家庄地区下暴雪，持续7天气温在－7.5℃，致使部分不抗寒品种，如中华寿桃和21世纪等桃树树干发生冻害，有的桃树整园冻死。有些花芽耐寒力弱的品种，如五月鲜和深州蜜桃等，在－15℃～－18℃时即发生冻害，这也是以上品种产量不稳的原因之一。桃树花芽在萌动后的花蕾变色期受冻温度为－1.7℃～－6.6℃；

开花期和幼果期的受冻温度分别为-1℃～-2℃和-1.1℃；根系在1～3月份能抗-10℃～-11℃，3月下旬后-9℃即受害。

若果实成熟期间昼夜温差大，则果实干物质积累多，风味品质好。我国广东和福建也能栽培桃树，但因该地高温多雨，使枝条徒长严重，树体养分积累少，从而表现出产量低、果实品质差等特点，因此属于次适宜区。

桃树在冬季需要一定的低温来完成休眠过程，即需要一定的“需冷量”。桃树解除休眠所需的“需冷量”一般是以0℃～7.2℃的累积时数来表示。一般桃栽培品种的“需冷量”为500～1 200小时。

在南方栽培桃树，一般不存在冬季冻害问题。南方的桃产量限制因子是需冷量，若桃树需冷量不足，就会出现花芽枯死脱落、发育不良和开花不整齐等现象。另外，花期前后的气温变化对南方桃产区也有很大影响。福州平原地区低温时数(0℃～7.2℃)只有0～301小时，与目前大部分品种需冷量700～850小时相差甚远。台农甜蜜的需冷量为54小时，在福建省海拔40米处可以正常结果，而玫瑰露、锦绣、迎庆、大久保、雨花露、白凤和玉露等在海拔40米处不能正常生长结果；而在海拔375米处，迎庆、大久保和西选1号可以正常结果；海拔700米处，雨花露和白凤可以正常结果。

2. 光照 桃树喜光，对光照反应极为敏感。一般日照时数在1 500～1 800小时即可满足桃树生长发育需要。日照越长，越有利于果实糖分积累和品质提高。

桃树光合作用最旺盛的季节是5～6月份2个月。但对一个果园和一个单株的桃树来说，树体生长过旺，枝叶繁茂重叠，会使叶片的受光量减少，不利于光合作用进行，反而会造成枝条枯死，严重时叶片脱落，根系停止生长等恶劣影响。

光照不足，枝条容易徒长，树体内碳水化合物与氮素比例降低，花芽会分化不良。光照不足，不仅对果实生长有影响，也影响果实风味、品质。如果树冠郁闭光照差，则果实着色不良，果实颜色不美观，严重影响其商品品质，可溶性固形物也会降低 1%～2%。一般要求树冠内膛与下部相对光照在 50%以上，正常情况下，树冠外围果实光照好，果实颜色好，风味品质佳，而内膛果则相反。一般南方品种群耐阴性高于北方品种群。试验表明，我国近几年培育的一些油桃品种，在南方光照欠佳地区也表现良好。

光在某种程度上能抑制病菌活动，在日照好的山地，病害明显轻。但光照过强就会引起日灼，如果主枝全部裸露或向阳面受日光直射，且日照率达 65%～80%时，即可引起日灼，从而对树势产生不同程度的影响。

桃树对光照敏感，在树体管理上应充分考虑其喜光的特点：树形采用开心形，枝组间距和枝间距大，枝量小等。在树冠外围，光照充足，花芽多而饱满，果实品质好；反之，在内膛的结果枝，花芽少而瘦瘪，果实品质差，枝叶易枯死，产量下降。

3. 水分 桃树根系浅，根系主要分布于 20～50 厘米土层中。桃树根系抗旱性强，土壤相对含水量达 20%～40%时，根系生长良好。桃树对水分反应较敏感，耐水性弱，最怕水淹，连续积水两昼夜就会造成落叶和死树。在排水不良和地下水位高的桃园，会引起根系早衰，叶片变薄，叶色变淡，进而落叶落果、流胶甚至造成植株死亡。缺水时，桃树根系生长缓慢或停长，如果其 1/4 以上的根系处于干旱土壤中，桃树地上部就会出现萎蔫现象。春季雨水不足，会使桃树萌芽慢，开花迟，在西北干旱地区易发生抽条现象。

在桃生长期降水量达 500 毫米以上地区，桃树枝叶旺长，易发生病害，如流胶病、果实褐腐病和穿孔病等，同时果实易腐烂，风味下降，贮藏性变差，还易裂果，影响果实商品性。在长江以南地区早春会出现阴雨低温现象，影响桃树开花授粉，降低坐果率。

在我国北方桃产区年降水量一般为 300～800 毫米，如果有条件灌溉，即使雨量少，由于光照时间长，同样会结大果实，且果实糖度高，着色好。

4. 二氧化碳 二氧化碳是植物光合作用的基础物质，空气中的二氧化碳浓度约为 0.034%，不能满足植物光合作用的需要。据资料报道，净光合效率是随二氧化碳浓度的增加而呈直线上升，当二氧化碳浓度达到 1%时，便不再是光合作用的限制因素。虽然在露地栽培时难以通过增加二氧化碳来提高光合效率，但在设施栽培条件下，增施二氧化碳则是提高光合效率和增加产量的有效措施。

5. 其他环境因素

(1)地势 桃树在山地生态最适区往往表现寿命长，衰老慢的优势。如生长在四川西部海拔 2 000 米山地上的桃树，有的可存活 100 年。由于山地昼夜温差大，光照充足，湿度小，使果实含糖量和维生素 C 含量增加，果面光洁色艳，香味浓，同时增加耐贮性和硬度。但如果海拔过高，果实品质反而下降。山坡上种植桃树时要选择背风向阳坡，坡度应低于 25°，并搞好土壤改良，低洼地要加深排水沟，避免地下水位过高。

(2)风 微风可以促进空气交换，增强蒸腾作用，改善光照条件和光合作用，消除辐射霜冻，降低地面高温，减少病害，并有利于桃树授粉结实。但大风会影响光合作用，加强蒸腾作用，易发生旱灾。花期大风会影响昆虫活动及传粉，使柱头很快变干。果实成熟期间的大风，会吹落或擦伤果实，对产量威胁较大。大风还易引起土壤干旱，不利于根系生长。

（二）土 壤

桃树虽可在沙土、沙壤土和黏壤土上生长，但最适土壤为排水良好和土层深厚的沙壤土。在 pH 值 5.5～8 的土壤条件下，桃树均可以生长，但最适 pH 值为 5.5～6.5 的微酸性土壤。目前，我国南方桃产区土壤 pH 值 5～6.5，而北方多为 7～8 之间。

在沙地上，桃根系易患根结线虫病和根癌病，肥水流失严重，易使树体营养不良，果实早熟且小，产量低，盛果期短；在黏重土壤上，桃树易患流胶病；在肥沃土壤上，桃树营养生长旺盛，易发生枝条徒长、流胶，进入结果期晚。土壤 pH 值过高或过低都易产生缺素症。当土壤中石灰含量较高，pH 值大于 8 时，桃树易因缺铁而发生黄叶病，在排水不良的土壤上，黄叶病更为严重。

根系对土壤中的氧气敏感，土壤含氧量 10%～15%时，地上部分生长正常；10%时生长较差；5%～7%时根系生长不良，新梢生长受抑制。桃根系在土壤含盐量 0.08%～0.1%时，生长正常；达到 0.2%时，表现出盐害症状，如叶片黄化、枯枝、落叶和死树等。

第二章 名优品种

一、普通桃品种

(一)早熟品种

1. 春 美

(1)品种来源 春美桃是中国农业科学院郑州果树研究所以桃杂种单株 89-3-16 为母本，半矮生油桃单株 SD 9238 为父本杂交培育出的早熟、全红、大果型桃新品种。

(2)物候期 以石家庄地区为例，春美 3 月中旬萌芽，4 月上中旬进入盛花期；果实 6 月下旬至 7 月初成熟，果实发育期约 82 天。

(3)果实性状 果实椭圆形或圆形，单果重 165～188 克，最大单果重 310 克。果顶圆，缝合线浅而明显，两半部较对称，成熟度一致。果皮茸毛中等。果实底色绿白，大部分果面着鲜红色或紫红色。果皮厚度中等，不易剥离。果肉白色，纤维中等，汁液中等，硬溶质，果实成熟后留树时间可达 10 天以上。果实风味甜，有香气，可溶性固形物含量 11%～13%。黏核。多年观察未发现裂果现象。

(4)生长结果习性 树势中等，树姿较开张。花芽起始节位低，复花芽多。各类果枝均能结果，以中果枝结果为主。花为蔷薇形，花粉量大，自花结实率高，丰产性强。

(5)品种适应范围 我国南、北方桃主产区均可栽培。

(6)栽培技术要点 ①严格疏果。每667米^{2}产量控制在2000千克左右。②适时采收。生产中可待果实充分成熟后再采收。

(7)综合评价 该品种主要特点是早熟、肉硬、果个大，有较好的发展前景。

2. 雪雨露

(1)品种来源 浙江省农业科学院园艺研究所以白花水蜜为母本，雨花露为父本杂交选育成的早熟水蜜桃新品种。

(2)物候期 以石家庄地区为例，雪雨露3月中下旬萌芽，4月上中旬盛花期，6月下旬果实成熟，果实发育期75～78天。

(3)果实性状 果实圆形，平均单果重198克，最大单果重355克。果顶平或稍凹，缝合线浅，两半部对称。果皮浅绿白色，果实着色面积40%，外观美丽。果皮厚，充分成熟后可以剥离。果肉白色，肉质中等硬，纤维少，汁液较多，风味甜，可溶性固形物含量11%～13%。黏核或半离。无裂果和采前落果。

(4)生长结果习性 树势中庸，树姿半开张。萌芽力高，成枝力强。复花芽多，花芽起始节位第2～3节。各类果枝均能结果。花为蔷薇形，花粉量大，坐果率高，极丰产。

(5)品种适应范围 此品种为我国南方培育成功，引种到我国北方后果实性状表现优于南方。我国南、北方桃主产区均可栽培。

(6)栽培技术要点 ①严格疏果，控制产量。②搞好夏剪，提高果实品质。③注意增施有机肥。④适时采收，如需长途运输，应适当早采；如在当地销售或采用小包装，充分成熟后再采收品质更佳。

(7)综合评价 在早熟品种中，雪雨露的鲜食品质较好，易栽培管理，坐果率极高，抗逆性强，果个大，色艳，味甜，果实硬度中等，可在各地推广栽培。其缺点是果实着色稍差，硬度稍低。

3. 仓方早生

(1)品种来源 日本用长生种(塔斯康×白桃)与实生种(不溶

质的早熟品种)进行杂交育成的品种。1968 年引入我国。

(2)物候期　以石家庄地区为例,仓方早生 3 月中旬萌芽,4 月上中旬盛花,7 月上旬果实成熟,果实发育期 89 天左右。

(3)果实性状　果实圆形,平均单果重 210 克,最大单果重 395 克。两半部不对称,果顶平,缝合线浅,梗洼深。果皮乳白色,易着色,近全红,外观美。茸毛短。皮厚,韧性强,难剥离。果肉乳白色,带红色,近核处与肉色相同。果实硬溶质,肉质细密,汁液中等,纤维多而粗,香气中,风味甜。可溶性固形物含量约 11%。黏核,核较大。

(4)品种适应范围　我国桃主产区均可栽培,尤其在华北地区栽培较多。

(5)生长结果习性　树势强健,枝条稍粗而长。萌芽力和成枝力均强,幼树以长果枝结果为主,随着树龄增加,中、短果枝增多。花芽起始节位第 3～4 节。花为蔷薇形,花药橘黄色,无花粉,雌蕊比雄蕊高。

(6)栽培技术要点　①采用长枝修剪,培养中短果枝结果。②配置授粉品种,并进行人工授粉。③果实易着色,避免早采。

(7)综合评价　该品种果个大,外观美,硬度较大,风味甜,口感好。其缺点是没有花粉,需配置授粉树,并进行人工授粉。

(二)中熟品种

1. 早　玉

(1)品种来源　北京市农林科学院林业果树研究所 1994 年以京玉为母本,以瑞光 3 号为父本杂交育成的中熟硬肉桃品种。

(2)物候期　以北京地区为例,早玉 3 月下旬萌芽,4 月下旬盛花,7 月中下旬果实成熟,果实发育期 93 天左右。

(3)果实性状　果实近圆形,平均单果重 195 克,最大单果重 304 克。果顶突尖,缝合线浅,梗洼深度、宽度中等。果皮底色为黄白色,果面1/2以上着玫瑰红色。果皮中等厚,不能剥离。果肉白色,皮下有红丝,近核处少量红色。果实肉质为硬肉,汁液少,纤维少,风味甜,可溶性固形物含量约13%。离核。

(4)生长结果习性　树势中庸。花芽形成好,复花芽多,花芽起始节位为第1～2节,各类果枝均能结果,幼龄树以长、中果枝结果为主。花为蔷薇形,花粉量大,丰产性强。

(5)品种适应范围　该品种适宜在我国北方桃产区栽培,在山东省和河北省栽培面积较大,表现较好。

(6)栽培技术要点　①丰产性强,树势易衰弱,注意增施磷、钾肥。②合理疏果,提高品质。③适时采收,否则果实过熟后易落果,果肉粉质化,风味品质下降。

(7)综合评价　优良的中熟品种,果个大,风味甜,硬肉,离核,早果丰产,商品性优。

2. 大久保

(1)品种来源　1920年日本冈山县的大久保重五郎在白桃园中偶然发现的实生中熟水蜜桃品种。

(2)物候期　以石家庄地区为例,大久保3月中下旬萌芽,4月上中旬盛花,7月下旬果实成熟,果实发育期100～105天。

(3)果实性状　果形圆,平均单果重205克。两半部不对称,果顶圆,微凹,缝合线中深,梗洼窄而深。果皮底色乳白色,阳面、顶部及缝合线两侧着鲜红晕,稍有断续不明显的暗红色条纹。茸毛短密。果皮厚度中等,韧性强,易剥离。果肉乳白色,腹部带少量红丝,近核处着玫瑰红色。果实硬溶,肉质致密,纤维细而少,汁液多,香气中,风味酸甜而浓。可溶性固形物含量约12%。离核。

(4)生长结果习性　树势弱,新梢先端易下垂。萌芽力中等,成枝力弱,结果枝稍粗。幼龄树长果枝多,进入结果期早。盛果期后,树势易衰弱,以中、短果枝结果为主。复花芽多,花芽着生良好,起始节位低。花为蔷薇形,花粉量大。坐果率高,产量高而稳定。

(5)品种适应范围　在我国北方栽培较多,尤其在我国华北地区栽培较好,目前在河北省中、北部及北京地区表现最佳。

(6)栽培技术要点　①树冠开张性强,枝条容易下垂,修剪时注意选留上芽和上侧芽,必要时采用吊枝手段抬高主枝。②要求肥水条件较高的沙壤土,合理留果,并加强肥水管理,以增强树势,达到连年丰产。③可以进行套袋栽培。

(7)综合评价　该品种是一个优良的鲜食和制罐中熟桃品种。在我国华北地区,如河北保定以北和北京平谷区等地表现尤为突出,单果重在 350 克以上,近全红,品质佳,深受消费者欢迎。但近 2 年在河北省中南部地区表现缝合线处突出,且缝合线变软的缺点,其机制有待于进一步研究。

3. 美　锦

(1)品种来源　河北省农林科学院石家庄果树研究所以京玉桃为亲本,通过自交培育出的中熟黄肉鲜食桃新品种。

(2)物候期　以石家庄地区为例,美锦 3 月中下旬萌芽,4 月中旬盛花(花期稍晚),7 月中下旬果实成熟,果实发育期 100 天左右,果实采收期长达 20 天。

(3)果实性状　果实近圆形,平均单果重 240 克,最大单果重 290 克。果顶圆平,缝合线浅,两半部对称,梗洼中。果皮底色黄,50%以上着鲜红晕。果肉金黄色,硬溶质,风味甜,可溶性固形物含量约 12.7%。离核。

(4)生长结果习性　树势强健,树姿半开张。结果枝较细,不易分枝。花芽起始节位为第 2～3 节,复花芽居多。长、中、短果枝均可结果。花为蔷薇形,花粉量大,自花坐果能力强,极丰产。

(5)品种适应范围　在我国桃主产区,尤其适应在华北地区栽培。

(6)栽培技术要点　①及时合理疏果,控制负载量。②充分成熟后采收。

（7）综合评价　美锦桃优质，离核，耐贮运，适应性强，品质佳。

4. 霞　脆

（1）品种来源　江苏省农业科学院园艺研究所用雨花2号为母本，77-1-6[（白花×橘早生）×朝霞]为父本杂交育成的早中熟桃新品种。

（2）物候期　以石家庄地区为例，霞脆3月中旬萌芽，4月上中旬盛花，7月中下旬果实成熟，果实生育期95天左右。

（3）果实性状　果实近圆形，平均单果重165克，最大单果重300克。果顶圆，两半部较对称。果面茸毛中多，果皮不易剥离，果面80%以上着玫瑰红霞。果肉白色，不溶质，耐贮运性好，常温下可存放1周。风味甜香，可溶性固形物含量11%～13%。黏核。

（4）生长结果习性　树势中庸，树姿半开张。初结果树以中、长果枝结果为主，进入盛果期后，各类结果枝均结果良好。花芽着生部位低，复花芽多。花蔷薇形，花粉量多，自然坐果率高，丰产性好。无采前落果现象。

（5）品种适应范围　此品种为我国南方（江苏）培育成功，引种到北方桃产区后果实性状表现好于南方。我国南、北方桃主产区均可栽培。

（6）栽培技术要点　①坐果率高，但须合理疏果。②果实肉质为不溶质，果实成熟后仍然可挂在树上，有较长的采收期，因此可在果实充分成熟后采收。

（7）综合评价　主要优点是果肉为不溶质，耐贮性较好，且品质优良，果实商品率高，具有良好的发展前景。

（三）晚熟品种

1. 秦　王

（1）品种来源　西北农林科技大学园艺学院果树研究所用大久保自然授粉实生选种方法培育而成的晚熟桃新品种。

(2)物候期　以石家庄地区为例，秦王3月中旬萌芽，4月上中旬盛花，8月中旬果实成熟，果实发育期130天左右。

(3)果实性状　果实圆形，平均单果重245克，最大单果重650克。果顶凹入，缝合线浅，两半部较对称。果实底色白，阳面呈玫瑰色晕和不明晰条纹，外观鲜艳。果肉白色，不溶质，肉质硬，纤维少，汁液较少，风味浓甜，香味浓郁，品质优。可溶性固形物含量约12.7%。黏核，核较小。

(4)生长结果习性　树势中庸，树姿半开张。花芽着生节位低，复花芽多。长、中、短果枝均可结果，幼龄树以中、长果枝结果为主，盛果期以短果枝结果更好。花蔷薇形，有花粉，自花结实力强，丰产性能好。

(5)品种适应范围　适宜我国北方桃主产区。

(6)栽培技术要点　①严格疏果，控制产量。②果实充分成熟后采收。③需套袋栽培。

(7)综合评价　该品种晚熟、耐贮运。果实个大，着色鲜艳，外观美，鲜食品质佳，栽培管理简单，是优良的晚熟桃品种。

2. 华　玉

(1)品种来源　北京市农林科学院林业果树研究所于1990年以京玉为母本，瑞光7号为父本杂交育成的晚熟桃新品种。

(2)物候期　以石家庄地区为例，华玉3月中旬萌芽，4月上中旬盛花期，8月中下旬成熟，果实发育期125天左右。

(3)果实性状　果实近圆形，平均单果重270克，最大单果重400克。果顶圆平，缝合线浅，梗洼深度和宽度中等。果实底色为黄白色，果面1/2以上着玫瑰红色或紫红色晕，外观鲜艳，茸毛中等。果皮中等厚，不易剥离。果肉白色，肉质硬，细而致密，汁液中等，纤维少，风味甜，有香气，可溶性固形物含量12%～13.5%。果肉不易褐变，耐贮运。核较小，离核。

(4)生长结果习性　树势中庸，树姿半开张。花芽形成良好，复花芽多，花芽起始节位低，为第1～2节。各类果枝均能结果，以长、中果枝为主。花蔷薇形，花药黄白色，无花粉，雌蕊高于雄蕊，较丰产。

(5)品种适应范围　主要在我国北方桃主产区栽培。

(6)栽培技术要点　①配置授粉品种，比例为1∶1，并进行人工授粉。②增施磷、钾肥和有机肥，提高果实内在品质。③果实着色期间进行修剪，使其通风透光良好。④需进行套袋栽培。⑤充分成熟后采收。

(7)综合评价　优点是果个大、品质优、硬度大、离核的晚熟桃优良品种，缺点是此品种桃花无花粉。

3. 美　帅

(1)品种来源　河北省农林科学院石家庄果树研究所以大久保为母本，以自育优系90-1(八月脆×京玉)为父本进行杂交培育的晚熟桃新品种。

(2)物候期　以石家庄地区为例，美帅3月中下旬萌芽，4月上中旬盛花，8月中旬果实成熟，果实发育期127天左右。

(3)果实性状　果实圆形，平均单果重275克，最大单果重410克。果顶凹入或齐平，缝合线浅，两半部较对称。果实底色白，80%以上着鲜艳红色，外观鲜艳。果肉白色，近核处微红。果实硬度大，风味甜，香味浓郁，品质优，可溶性固形物含量12.6%～13.2%。离核，核较小。

(4)生长结果习性　树势较强，树姿半开张。复花芽多，花芽起始节位低。长、中、短果枝均可结果，幼龄树以中、长果枝结果为主，盛果期以健壮的中、短果枝结果。花蔷薇形，花粉量大，坐果率高，丰产性能好。

(5)品种适应范围　主要在我国北方桃主产区栽培。

(6)栽培技术要点　①注意疏花疏果，控制负载量。②果实着色期间适量进行夏季修剪，促进果实着色，提高品质。③果实到充分成熟后采收。④需套袋栽培。

(7)综合评价　该品种果个大、品质优、晚熟、着色鲜艳、外观美、较耐贮运，花粉量大，丰产性强，栽培管理容易。

4. 有　明

(1)品种来源　韩国以大和早生为母本，砂子早生为父本杂交育成的晚熟桃新品种。

(2)物候期　以石家庄地区为例，有明3月中下旬萌芽，4月上中旬盛花，8月中下旬成熟，果实发育期130～140天。

(3)果实性状　果实近圆形，稍扁。平均单果重320克，最大单果重450克。果顶圆平，缝合线浅，两半部对称，梗洼宽而深。茸毛稀而短。果皮底色乳白色，在果顶、缝合线、向阳面着60%以上的鲜红色。果皮厚而韧性大，不易剥离。果肉白色，不溶质，汁液少，纤维少，硬度大，风味甜。可溶性固形物含量约12.5%。果实无裂果和裂核。黏核，核小。

(4)生长结果习性　树势较强，树姿半开张。幼龄树成花早，花芽着生节位低，复花芽多，长、中、短果枝均能结果，幼龄树期以中、长果枝结果为主，盛果期以中、短果枝结果更好。花为蔷薇形，花粉量大，坐果率高，丰产性强。

(5)品种适应范围　主要在我国北方桃主产区栽培。

(6)栽培技术要点　①及时疏果。②着色期进行夏剪，改善光照条件，促进着色。③果实到充分成熟后采收。④需套袋栽培。

(7)综合评价　该品种果实个大，着色鲜艳，品质优，耐贮运性强，是优良的晚熟桃品种。

5. 锦　绣

(1)品种来源　上海市农业科学院园艺研究所于1973年以白花水蜜为母本，云署1号为父本杂交选育而成的晚熟黄肉桃新品种。

(2)物候期　以石家庄地区为例，锦绣3月中旬萌芽，4月上中旬盛花，8 月中下旬果实成熟，果实发育期 133 天左右。

（3）果实性状　果实椭圆形，平均单果重 150 克，最大单果重 275 克。果顶圆，顶点微凸，两半部不对称。果皮底色金黄色，果面着 30％玫瑰红晕。果皮厚，可剥离。果肉金黄色，近核处着放射状紫红晕或玫瑰晕，硬溶质，风味甜微酸，香气浓，可溶性固形物含量 12％～13％。黏核。

（4）生长结果习性　树势中等，树姿较开张。花芽起始节位第 2～3 节，复花芽居多，以中、长果枝结果为主。花为蔷薇形，花粉量大，自花坐果率高，丰产性强。

（5）品种适应范围　我国南北方桃产区均可栽培，在上海、浙江等地栽培较多。

（6）栽培技术要点　①严格疏花疏果。②增施有机肥，提高果实品质。③需套袋栽培。

（7）综合评价　晚熟鲜食与加工兼用黄桃品种，鲜食品质较好，丰产。

6. 燕　红

（1）品种来源　亲本不详。1952 年从北京市东北义园实生苗中偶然选出。现分布在北京和河北等地。

（2）物候期　以石家庄地区为例，燕红 3 月中旬萌芽，4 月上中旬盛花期，果实成熟期 8 月下旬，果实发育期 130 天左右。

（3）果实性状　果实近圆形，平均单果重 220 克，最大单果重 650 克。果顶微凹，缝合线浅而明显，两侧较对称，果形整齐。果皮底色乳白，全面着暗红色，套袋后为红色，茸毛少，完熟后果肉软化，果皮易剥离。果肉乳白色，近核处红色，肉质致密，纤维少，汁液多，风味甜，有香气。可溶性固形物含量 12.5％～13.6％。黏核。

（4）生长结果习性　树势强健。以中、长果枝结果为主。花芽着生节位较低，复花芽多，丰产性良好。花为蔷薇形，粉红色，花粉多。

(5)品种适应范围　主要在我国北方桃产区栽培,目前在华北桃产区栽培较多。

(6)栽培技术要点　①注意疏花疏果。②增施有机肥,提高果实品质。③需套袋栽培。④果实膨大期雨水多时伴有裂果发生,因此要注意排水和适时灌水。

(7)综合评价　大果型晚熟品种,外观美,品质优,产量高。

7. 北京晚蜜

(1)品种来源　北京市农林科学院林业果树研究所1987年于桃杂种圃内发现的,系杂种后代变异。

(2)物候期　以石家庄地区为例,北京晚蜜3月中下旬萌芽,4月上中旬盛花,果实发育期160～165天。

(3)果实性状　果实近圆形,平均单果重250克,最大单果重450克。果顶圆,微凸,缝合线浅。果皮底色淡绿色至黄白色,果面1/2以上着红色晕,不易剥离,不裂果。果肉白色,近核处红色,硬溶质,完熟后多汁,风味浓甜,有淡香味。可溶性固形物含量12%～13%。黏核,核较小。较耐贮运。

(4)生长结果习性　树势强健,树姿半开张。花芽起始节位为第1～2节,复花芽多。幼龄树期以长果枝结果为主,进入盛果期后各类果枝均能结果。花为蔷薇形,花粉量大,丰产性强。

(5)品种适应范围　适宜在我国北方桃产区栽培。

(6)栽培技术要点　①按要求进行疏花疏果。②加强夏季修剪。③干旱地区采收前1个月灌水,并增施速效钾肥。④套袋栽培。

(7)综合评价　河北省中部及以北地区供应中秋节及国庆节的适宜品种。果实个大,色泽艳丽,含糖量高,风味佳。

二、油桃品种

（一）早熟品种

1. 丽　春

（1）品种来源　北京市农林科学院植物保护研究所在1990年以瑞光3号为母本，五月火为父本杂交育成的早熟甜油桃新品种。

（2）物候期　以北京地区为例，丽春3月下旬至4月上旬萌芽，4月中旬开花，6月12～14日果实成熟，果实发育期55天左右。

（3）果实性状　果实近圆形，平均单果重123.8克，最大单果重152.5克。果皮底色乳白色，全面着鲜红色，有玫瑰红色斑条纹，果皮表面光滑无毛。果顶圆平，浅唇状，对称或较对称，缝合线浅，不明显。梗洼中等稍浅，广度中等。果肉乳白色，软溶质，硬度中等，有微香味，风味甜，品质优。可溶性固形物含量9%～11%。半黏核。

（4）生长结果习性　生长势较旺盛，树体健壮，枝条节间短。初结果树以长、中果枝结果为主，副梢结实力强，花芽起始节位多在第2～3节，复花芽多。花为蔷薇形，花瓣浅粉色，花粉多，坐果率高，丰产性强。

（5）品种适应范围　适宜在我国北方桃产区露地和保护地栽培。

（6）栽培技术要点　①及时夏剪，以改善光照，促进果实着色。②适量留果，把好疏果关，促进果实发育。③注意防治蚜虫、卷叶虫、红蜘蛛等虫害。④需在果肉有弹性而未软熟前采收，切不可仅根据果实着色程度来判断采收时期。

（7）综合评价　极早熟，白肉甜油桃新品种。果形端正，不裂果，风味甜，较耐贮运。

2. 中油4号

(1)品种来源　中国农业科学院郑州果树研究所育成的早熟黄肉油桃新品种。

(2)物候期　以石家庄地区为例，中油4号3月中旬萌芽，4月上中旬盛花，6月底至7月初果实成熟。果实发育期75天左右。

(3)果实性状　果实近圆形，平均单果重160克，最大单果重200克。果顶圆，两半部对称，缝合线较浅，梗洼中深。果皮底色淡黄，成熟后全面着浓红色，树冠内外果实着色基本一致，光洁亮丽。果肉橙黄色，硬溶质，肉质细脆，可溶性固形物含量11%～13.5%，风味浓甜，品质佳。核小，黏核，不易裂果。

(4)生长结果习性　树势中庸偏强，树姿开张。萌芽率高，成枝力中等。幼龄树以长果枝结果为主，易成花。花为铃形，有花粉，自然授粉坐果率高。早果性强，极丰产。适应性和抗逆性强。

(5)品种适应范围　本品种适宜在我国北方桃产区露地和保护地栽培。经过连续多年、多点试验观察，即使在重庆、江西和福建等多雨省(市)，也未发现裂果现象，栽培适应性强。

(6)栽培技术要点　①严格疏果，合理负载，控制产量在2 000千克/667米^2。②多施有机肥，提高果实风味。③根据土壤墒情适时浇水，特别是萌芽期和硬核期，要保证充足的水分供应。

(7)综合评价　早熟，品质佳，不易裂果，果实个大，果面全红，果实硬度大，耐贮运性好，丰产性强。

3. 中油5号

(1)品种来源　中国农业科学院郑州果树研究所以瑞光3号为母本，五月火为父本杂交育成的早熟白肉油桃新品种。

(2)物候期　以石家庄地区为例，中油5号3月中旬萌芽，4月上中旬盛花期，6月底果实成熟，果实发育期70天左右。

(3)果实性状　果实椭圆形，平均单果重140克，最大单果重180克。果顶圆，缝合线浅。果皮底色乳白色，果面80%着玫瑰红色。果皮中等厚，难剥离。果肉白色，软溶质，肉质较细，风味甜，可溶性固形物含量10%～13%。半离核。

(4)生长结果习性　树势健壮，成枝力较强，各类果枝均能结果，以中果枝结果为主。花为铃形，花粉量大，丰产性强。

(5)品种适应范围　适合长江以北地区和北方设施栽培。在南方也有相对较强的适宜性。在南方栽培裂果情况较中油4号稍重。

(6)栽培技术要点　①严格疏果，合理负载，控制产量在2 000千克/667 米^2。②多施有机肥，提高果实风味。③适时采收，以硬熟期采收为宜，即果皮底色由绿变白，大部分果面着玫瑰红色，有光泽，口感脆甜时采摘，以免果实变软，影响贮运。

(7)综合评价　中油5号为早熟、白肉甜油桃新品种，果实个大，着色艳丽美观，品质优良，不裂果，栽培适应性强，适栽范围广，可在全国各桃产区栽培。应该注意的是，中油桃5号坐果率高，属极丰产品种，生产上应加强肥水管理，严格疏果，合理负载，以实现丰产、优质并举，取得最佳效果。

4. 金山早红

(1)品种来源　江苏省镇江市象山果树研究所1995年在早红宝石引种圃中发现的芽变品种。

(2)物候期　以石家庄地区为例，金山早红3月中旬萌芽，4月上中旬盛花，6月中旬果实成熟，果实发育期65天左右。

(3)果实性状　果实近圆形，平均单果重130克，最大单果重240克。果顶凹入，缝合线浅，两侧对称。果面宝石红色，着色面积达80%以上。果皮不易剥离。果肉黄色，肉质细脆，硬溶质，风味浓甜，香味浓，可溶性固形物含量11%～13%。黏核。

(4)生长结果习性　树势较强，树姿半开张。长、中、短果枝均可结果。花为蔷薇形，雌蕊比雄蕊高，花粉量大，丰产性较强。

(5)品种适应范围　适宜在我国北方桃产区栽培，如遇雨也有裂果现象。在南方桃产区栽培时，裂果重于北方产区。

(6)栽培技术要点　①配置授粉品种坐果率更高。②及时进行夏季修剪。③多施有机肥和磷、钾肥,提高品质。④冬季修剪时采用长枝修剪,不短截;坐果率较低;适当增加留枝量,尤其是中、短果枝。⑤及时采收。果个较大的果实,尤其是树冠上部枝头的果实易在缝合线处裂果,应及时采收。

(7)综合评价　果个大,鲜食品质佳,果实硬度大,果肉脆,口感好,商品价值高,裂果少,近全红。果实较耐贮运。

5. 曙　光

(1)品种来源　中国农业科学院郑州果树研究所以丽格兰特为母本,瑞光 2 号为父本杂交育成的极早熟油桃新品种。

(2)物候期　以石家庄地区为例,曙光 3 月中旬萌芽,4 月上中旬盛花期,果实 6 月上中旬成熟,果实发育期 65 天左右。

(3)果实性状　果实圆形或近圆形,平均单果重 80 克。果顶圆平,微凹入,缝合线浅,两半部较对称。果皮光滑无毛,底色黄色,果面全部着鲜红色或紫红色,有光泽,难剥离。果肉黄色,肉质柔软,纤维中等,近核处无红色。风味甜浓,香气浓郁,多汁,可溶性固形物含量约 12%。黏核。

(4)生长结果习性　生长势强,成枝力强。花芽形成容易,长、中、短及花束状果枝均能结果。花芽起始节位为第 1～2 节,复花芽比例较高。花蔷薇形,花粉多。

(5)品种适应范围　适应范围较广,除可在北方栽培之外,也可在南方部分地区栽培,如湖北、浙江等。

(6)栽培技术要点　①自花结实力较低,生产上宜配置授粉树或进行人工授粉。②幼龄树期生长势强,要加强夏季修剪,控制树势;冬季要轻修剪,缓和树势。③在果实全面着色、底色泛黄、充分成熟却未变软时采收为宜,切忌采收过早。④南方栽培时株行距要大,培养大树冠,并控制枝梢旺长,改善通风透光条件,以促进果实着色,提高果实品质。

(7)综合评价　该品种成熟早，果个大，果实着色好、品质佳、裂果少，适于保护地和露地栽培。但在保护地栽培时，要注意提高果实内在品质。

6. 中农金辉

(1)品种来源　中国农业科学院郑州果树研究所以瑞光2号为母本，阿姆肯为父本杂交育成的早熟油桃新品种。

(2)物候期　以石家庄地区为例，中农金辉3月中旬萌芽，4月中旬盛花期，果实6月中下旬成熟，果实发育期约75天。

(3)果实性状　果实椭圆形，果形正。平均单果重163克，最大单果重252克。两半部对称，果顶圆凸，梗洼浅，缝合线明显、浅。果皮底色黄色，80%果面着鲜红色晕。果皮无毛，果皮不易剥离。果肉橙黄色、硬溶质，纤维中等，汁液多，有香味，风味甜。可溶性固形物含量12%～14%。黏核。

(4)生长结果习性　树势健壮。长、中、短果枝均能结果。复花芽较多，花芽起始节位为第1～2节。该品种需冷量少，为650～700小时。花蔷薇形，花粉多，坐果率高，丰产性强。

(5)品种适应范围　适宜在我国北方桃产区露地和保护地栽培，南方在满足需冷量650小时的地区均可栽培，注意雨水较多地区可采用套袋栽培。

(6)栽培技术要点　①主枝开张角度应适当偏小，一般主枝开张角度40°～45°。②徒长性结果枝在长放的情况下可以坐果，幼龄树可以利用旺枝提前结果。③坐果率高，须严格疏花疏果。④可以在果实充分成熟后采收。

(7)综合评价　早熟，果个大，硬度较大，品质佳，风味甜，果顶凸，有时有小尖。果实耐贮运。

(二)中熟品种

1. 美 婷

(1)品种来源 河北省农林科学院石家庄果树研究所以美夏为亲本进行自交,育成的中熟油桃新品种。

(2)物候期 以石家庄地区为例,美婷3月中旬萌芽,4月中旬盛花,花期比普通品种早2~3天。果实成熟期7月中旬,果实发育期94天左右。

(3)果实性状 果实圆形,平均单果重192克,最大单果重275克。果顶凹,缝合线浅,两半部对称,梗洼中浅。果实个大,底色黄色,阳面着鲜艳红色,着色面积85%,外观美丽。果实光洁无毛,果皮中等厚,难剥离。果肉黄色,近核处黄色,过熟后有红色。果实可溶性固形物含量约12.8%,最高可达13.8%,风味甜,有香味,汁液中等,纤维较少,成熟度均匀一致。果实离核,核小。果肉硬溶质,硬度较大,较耐贮运。果实大小整齐,成熟一致,无采前落果,无裂果发生。

(4)生长结果习性 树势较强,生长旺盛,萌芽率和成枝力较强。花芽起始节位为第一节。长、中、短果枝均可结果,副梢结果能力也较强。花为蔷薇形,花药大,浅褐色,花粉量大。自花结实率和自然坐果率均高,丰产性强。

(5)品种适应范围 主要在我国北方桃主产区栽培。

(6)栽培技术要点 ①由于花期较早,蚜虫发生也较早,防治蚜虫要适当提前。②幼龄树可以利用粗壮的果枝结果。③及时疏果,控制负载量。④及时进行夏季修剪,通风透光。⑤果实充分成熟后再采收。

(7)综合评价 该品种为早中熟的黄肉油桃新品种,果个大,外观美,品质优,离核,成熟期介于早熟和中熟品种之间,采收期较长。

2. 双喜红

(1)品种来源　中国农业科学院郑州果树研究所以瑞光2号为母本,89-1-4-12(北京25-17×早红2号)为父本杂交育成的早熟黄肉油桃新品种。

(2)物候期　以石家庄地区为例,双喜红3月中下旬萌芽,4月上中旬盛花,7月上旬果实成熟,果实发育期85天左右。

(3)果实性状　果实圆形,平均单果重160克,最大单果重250克。果顶凹入,两半部对称,梗洼浅,缝合线浅。果皮光滑无毛,底色乳黄,果面75%～100%着鲜红色至紫红色。果肉黄色,硬溶质,风味浓甜,可溶性固形物含量约12.5%。半离核。

(4)生长结果习性　树势中庸,树姿较开张。萌芽力和成枝力均较强。复花芽居多,花芽起始节位为第三节,中、长果枝和短果枝均可结果。花为铃形,雌蕊高于雄蕊或等高,花粉量大,丰产性强。

(5)品种适应范围　适宜我国华北、西北及中原地区露地和保护地栽培。在南方最好进行套袋栽培。

(6)栽培技术要点　①需配置授粉品种。双喜红的花具有柱头先出的现象,在生产中应配置授粉品种,并避免在易发生晚霜的地区种植。②适当晚采。果实充分成熟后再采收。③冬剪时尽量采用长枝修剪,严格疏果。

(7)综合评价　该品种风味甜,着色好,果实硬度大,不裂果,是较好的油桃品种。

3. 瑞光美玉

(1)品种来源　北京市农林科学院林业果树研究所以京玉为母本,瑞光7号为父本杂交育成的中熟油桃新品种。

(2)物候期　以石家庄地区为例,瑞光美玉3月中下旬萌芽,4月上中旬盛花,7月上中旬果实成熟,果实发育期90天左右。

(3)果实性状　果实近圆形,平均单果重187克,最大单果重253克。果顶圆或小突尖,缝合线浅,梗洼深度和宽度中等。果皮底色黄白，不易剥离。果面近全部着紫红色晕，亮度欠佳。果肉白色，皮下有红色素，近核处红色素少。肉质为硬肉，汁液中等，风味甜，可溶性固形物含量约11%。离核。

(4)生长结果习性　树势中庸，树姿半开张。花芽形成较好，复花芽多，花芽起始节位低。各类果枝均能结果，幼龄树以中、长果枝结果为主。花为蔷薇形，花粉量大，丰产性强。

(5)品种适应范围　适宜在我国北方桃产区栽培。

(6)栽培技术要点　①坐果率高，要严格疏果。②注意及时施肥，尤其是有机肥和磷、钾肥。③夏季修剪应注意及时控制背上直立旺枝。④适时采收。防止因采收过晚出现果肉粉质化，品质下降等不利因素。

(7)综合评价　该品种为优良中熟甜油桃新品种。果实个大，果肉白色，硬度大，风味甜。

(三)晚熟品种

1. 中油8号

(1)品种来源　中国农业科学院郑州果树研究所1997年以红珊瑚为母本，晴朗为父本杂交培育而成的晚熟油桃新品种。

(2)物候期　以石家庄地区为例，中油8号3月中下旬萌芽，4月上中旬盛花期，8月中下旬果实成熟，果实发育期约130天。落叶比其他品种晚5～10天。

(3)果实性状　果实圆形，单果重180～200克，最大单果重250克以上。果顶圆平，微凹，缝合线浅而明显，两半部较对称，成熟度一致。果实个大，果面光洁无毛，底色浅黄，成熟时60%着浓红色，外观美。果皮厚度中等，不易剥离。果肉金黄色，硬溶质，肉质细，汁液中等，风味甜香，近核处红色素少，可溶性固形物含量13%～16%。未发现裂果现象。黏核。

(4)生长结果习性　生长势旺，树姿较直立。萌发力中等，成枝率中等。花芽起始节位为第1～3节，以复花芽为主，单花芽多着生在枝条基部和上部。花为铃形，花粉多。

（5）品种适应范围　适宜在华北、西北等桃产区栽培。

（6）栽培技术要点　①需套袋栽培，以减少病虫危害，增加果面光洁度。②采前可选择不摘袋，果实表面呈金黄色，非常美观。③及时防治蚜虫。④采用轻剪长放修剪，控制长势，促进花芽分化形成。

（7）综合评价　该品种风味特甜，不易裂果，果个较大，但树势偏旺，早果能力稍差。

2. 瑞光39号

（1）品种来源　北京市农林科学院林业果树研究所以华玉为母本，顶香为父本杂交育成的晚熟油桃新品种。

（2）物候期　以石家庄地区为例，瑞光39号3月中旬萌芽，4月上中旬盛花，8月下旬果实成熟，果实发育期126天左右。

（3）果实性状　果实近圆形至椭圆形。平均单果重186克，最大单果重235克。果顶圆，略带微尖，缝合线浅，梗洼深度和宽度中等。果皮底色黄白，果面近全红。果肉白色，硬溶质，汁液多，风味甜浓。可溶性固形物含量约14%。黏核。

（4）生长结果习性　树势中庸，树姿半开张。花芽形成较好，复花芽多，花芽起始节位低。各类果枝均能结果，幼龄树以中、长果枝结果为主。花为蔷薇形，花粉量大，丰产性强。

（5）品种适应范围　适宜在我国北方桃产区栽培。

（6）栽培技术要点　①注意疏果，增大果个。②采用套袋措施，以增加果面光洁度，使果色更为均匀、鲜艳，并能减少病虫害。应在采收前7天除袋。③采收前1个月夏季修剪，改善通风透光条件，促进果实着色。

（7）综合评价　该品种为优良晚熟甜油桃新品种。果个较大，果肉白色，风味甜，不裂果。

3. 晴　朗

(1)品种来源　从美国引入,亲本不详。

(2)物候期　以石家庄地区为例,晴朗3月中下旬萌芽,4月上中旬盛花,9月初开始着色膨大,9月下旬成熟,果实发育期160～165天。

(3)果实性状　果实圆形。平均单果重176克,最大单果重218克。果顶凹入,缝合线明显,两半部较对称,梗洼窄而深。果皮光滑无毛,底色黄,1/2以上着鲜红晕,外观美丽,不易剥离。果肉黄色,近核处有红色。果肉硬溶质,风味酸甜,汁液中等,纤维中等,硬度较大,可溶性固形物含量12%～14.5%。黏核,无裂果。甜仁,可以食用。

(4)生长结果习性　树势中庸健壮。幼龄树直立性强,结果后树冠开张。抽生副梢能力强,从第4～7节抽生副梢,平均抽梢3个,徒长性枝可抽生副梢2次以上。长、中、短果枝均能结果,以中、短果枝结果为主。长果枝复花芽较多,短果枝单花芽多。花芽起始节位为第2～3节。花为蔷薇形,雌蕊比雄蕊高,花粉量多。坐果率较高,结果能力强。

(5)品种适应范围　适宜在我国华北地区栽培。

(6)栽培技术要点　①增施有机肥和磷、钾肥,提高果实含糖量。②加强对卷叶虫和桃炭疽病的防治。③为使果实表面干净,可进行套袋栽培。

(7)综合评价　晴朗成熟期正值国庆节前夕,处于桃子淡季,因此,在市场上有很强的竞争力,售价较高。该品种适宜在城市近郊规模化发展,发展前景广阔。

三、蟠桃品种

（一）早熟品种

1. 早露蟠桃

（1）品种来源　北京市农林科学院林业果树研究所以撒花红蟠桃为母本，早香玉为父本杂交育成的特早熟蟠桃新品种。

（2）物候期　以石家庄地区为例，早露蟠桃 3 月中下旬萌芽，4 月上中旬盛花，6 月 10～13 日果实成熟，果实发育期 60～65 天。

（3）果实性状　果实扁圆形，平均单果重 120 克，最大单果重 190 克。果顶凹入，缝合线浅。果皮黄白色，阳面 1/3 以上着玫瑰红色晕。果肉乳白色，近核处红色，软溶质，肉质细，风味甜，有香气，柔软多汁，可溶性固形物含量 9%～11%。核小，黏核。可食率高。

（4）生长结果习性　树势中庸，树姿半开张。萌芽率高，成枝力强。复花芽多，花芽起始节位较低，各类果枝均能结果，花为蔷薇形，雌蕊比雄蕊低，花粉量大，坐果率高，丰产性强。

（5）品种适应范围　适宜在我国北方桃产区栽培。

（6）栽培技术要点　①及时疏花疏果，增大果个，提高果实品质。②增施有机肥和磷、钾肥。③采后搞好夏季修剪，促进花芽分化。

（7）综合评价　具有结果早、品质好、果实风味甜香、外观漂亮、丰产稳产、易栽培管理等优点，是露地和设施栽培的优良品种。

2. 红蜜蟠桃

（1）品种来源　河北农业大学园艺学院 2008 年从日光温室早露蟠桃栽培过程中选育的优良变异品种。

（2）物候期　以石家庄地区为例，红蜜蟠桃 3 月中旬萌芽，4

月上中旬盛花，6 月中下旬果实成熟，果实发育期 70 天左右，比早露蟠桃晚 5 天左右。

(3)果实性状　果实扁平，平均单果重 144 克，最大单果重 198 克。果顶凹入，缝合线较明显，两侧稍不对称，有少量裂顶现象。果皮底色黄白，果面 80%以上着玫瑰红色，果皮中厚，茸毛较少，不易剥离。果肉白色，皮下有少量红色素，近核处同肉色，硬溶质，耐运输，商品货架期较长。果实汁液多，风味甜，可溶性固形物含量约 13.2%。黏核。

(4)生长结果习性　树势中庸，树姿半开张。花芽起始节位低，各类果枝均能结果，以中、长果枝结果为主。花芽易形成，复花芽多。花为蔷薇形，有花粉，自然坐果率高，丰产性强。

(5)品种适应范围　适宜在我国北方桃产区露地或保护地栽培。

(6)栽培技术要点　①严格疏花疏果，每隔 15～20 厘米留 1 果。②加强夏季修剪，尤其是采收后。冬剪采用长枝修剪法，进入盛果期枝头采取留果法控制枝头外延。③果实硬度较大，可以适时晚采收。

(7)综合评价　该品种是一个优良的早熟蟠桃新品种。果实硬度较大，裂顶少，采摘不易破皮。

3. 早黄蟠桃

(1)品种来源　中国农业科学院郑州果树研究所以大连 8-20 为母本，法国蟠桃为父本杂交育成的早熟黄肉蟠桃新品种。

(2)物候期　以石家庄地区为例，早黄蟠桃 3 月中下旬萌芽，花期较早，4 月上旬盛花，果实 6 月下旬成熟，果实发育期 75～80 天。

(3)果实性状　果形扁平，平均单果重 156 克，最大单果重 197 克。果顶凹入，两半部对称，缝合线较深。果皮黄色，果面 70%着玫瑰红晕和细点，外观美，果皮可以剥离。果肉橙黄色，软溶质，汁液多，纤维中等。风味甜，香气浓郁，可溶性固形物含量

11%～13%。核小，半离核。

(4)生长结果习性　树姿较直立。树体生长健壮，成枝力强。各类果枝均能结果。花为蔷薇形，雌蕊比雄蕊低，有花粉，坐果率高，丰产性强。

(5)品种适应范围　适宜在我国北方桃产区栽培。

(6)栽培技术要点　①加强夏季修剪，控制旺长，避免树冠郁闭。②冬季修剪应用长枝修剪。③注意及时疏果。④适时采收。

(7)综合评价　我国黄肉蟠桃品种较少，此品种改善了蟠桃品种的组成，丰富了品种资源。适宜在观光桃园中栽植，在城郊可适量发展。

4. 瑞蟠 14 号

(1)品种来源　北京市农林科学院林业果树研究所以幻想为母本，瑞蟠 2 号为父本杂交育成的早熟蟠桃新品种。

(2)物候期　以石家庄地区为例，瑞蟠 14 号 3 月中旬萌芽，4 月上中旬盛花期，7 月上中旬果实成熟，果实发育期 87 天左右。

(3)果实性状　果实扁平形，平均单果重 137 克，最大单果重 172 克。果形圆整，果个均匀。果顶凹入，不裂顶。果面全部着红色晕。果肉黄白色，硬溶质，汁液多，纤维少，风味甜，有香气，可溶性固形物含量约 11%。黏核。

(4)生长结果习性　树势中庸，萌芽率较高，成枝力较强。花芽形成良好，复花芽多。花蔷薇形，花粉量大，自然坐果率高，丰产性强。

(5)品种适应范围　适宜在我国北方桃产区及长江流域部分地区栽培。

(6)栽培技术要点　①注意平衡施肥。在采收前 20～30 天(果实膨大期)叶面喷 0.3%磷酸二氢钾，以增大果个，促进果实着色，增加果实含糖量，提高风味品质。②及时疏果，合理留果。幼龄树期可适当利用徒长性结果枝结果。③注意适时采收。该品种过熟后果肉变软，品质下降，不利于运输，应在果皮底色变白、果实表现出固有风味时采收。

(7)综合评价　早熟、优质蟠桃新品种。果肉较硬，品质佳。

(二)中熟品种

1. 瑞蟠3号

(1)品种来源　北京市农林科学院林业果树研究所以大久保为母本，陈圃蟠桃为父本杂交育成的中熟蟠桃新品种。

(2)物候期　以石家庄地区为例，瑞蟠3号3月中下旬萌芽，4月上中旬盛花，7月底果实成熟，果实发育期105天左右。

(3)果实性状　果形扁平，平均单果重201克，最大单果重280克。果顶凹入，缝合线浅，两半部对称，梗洼宽而浅，果面稍有不平。茸毛稀。果皮底色黄白，外观美丽。果皮厚度中等，韧性强，不易剥离。果肉乳白色，硬溶质，风味甜，可溶性固形物含量11.8%～12.2%。果实汁液中等，纤维中。核小，黏核。

(4)生长结果习性　树势强健，树姿半开张。花芽形成良好，复花芽多。花芽起始节位为第1～2节。各类果枝均能结果。花为蔷薇形，雌蕊比雄蕊低，花粉量大，丰产性强。

(5)品种适应范围　适宜在我国北方桃产区栽培。

(6)栽培技术要点　①加强夏季修剪。②加强肥水管理。③严格疏花疏果。

(7)综合评价　该品种为大果、优质、效益高的中熟蟠桃品种。丰产性强，适应性强，易栽培管理，果实采收期长，果实硬度大，耐贮运。

2. 中蟠10号

(1)品种来源　中国农业科学院郑州果树研究所以红珊瑚为母本，91-4-18为父本杂交育成的中熟蟠桃新品种。

(2)物候期　以石家庄地区为例，中蟠10号3月下旬萌芽，盛花期4月上中旬，果实成熟期7月上中旬，果实发育期95天左右。

(3)果实性状　果实扁平形，平均单果重160克，最大单果重180克。两半部对称，果顶凹入，梗洼浅，缝合线明显、较浅。果皮有毛，底色乳白，果面80%以上着明亮鲜红色晕，呈虎皮花斑状，皮不能剥离。果肉乳白色，硬溶质，耐运输。汁液中等，纤维中等。果实风味甜，可溶性固形物含量约12%。黏核。

(4)生长结果习性　树势中庸健壮，长、中、短果枝均能结果，徒长性结果枝长放时仍能结果。复花芽较多，花芽起始节位为第1～2节。花为蔷薇形，花粉量多，自花结实率高，丰产性强。

(5)品种适应范围　适合在长江以北及长江以南能够满足需冷量800小时以上的地区种植，也适合北方保护地栽培。

(6)栽培技术要点　①长果枝上结果。所结的果实个大，冬季修剪时，要疏除短果枝和花束状果枝。②徒长性结果枝幼龄树可以利用徒长性结果枝结果，栽培时可利用此特点增加桃产量。③严格疏果，合理负载。

(7)综合评价　果实个大，肉质细而硬，耐贮运，货架期较长。采收时果梗处不易被撕裂。品质优良。

3. 玉霞蟠桃

(1)品种来源　江苏省农业科学院园艺研究所以瑞蟠4号为母本，瑞光18号为父本杂交育成的中熟蟠桃新品种。

(2)物候期　以石家庄地区为例，玉霞蟠桃3月中旬萌芽，4月上中旬盛花期，8月中旬果实成熟，果实生育期120天左右。

(3)生长结果习性　树体生长健壮，树势中庸，树姿半开张。长、中、短果枝均可结果。花为蔷薇形，花粉量多。自花结实率高，丰产性强。

(4)果实性状　果实扁平形，平均单果重174克，最大单果重337克。果顶凹入，缝合线浅，梗洼浅。果皮底色绿白色，果面80%以上着红色或紫红色。果皮厚，不易剥离。果肉白色，硬溶质，风味甜，香气中等，纤维少，可溶性固形物含量11.5%～14.8%。品质优良。黏核。

(5)品种适应范围　适宜在长江流域桃产区和北方桃产区栽培。

(6)栽培技术要点　①长江流域平原地区建议采用起垄栽培。②幼龄树以整形为主，重视夏季修剪，冬季除主枝延长枝短截外，其余枝条轻剪长放。③保持水分均衡供应，避免因水分剧烈变化而造成果实生长不均衡引起果顶裂纹等现象。④加强花果管理，优先疏除有裂顶倾向的果实。

(7)综合评价　该品种丰产性强，适应性强，易栽培管理，果个大，果实硬度较大，是一个优良中熟蟠桃新品种。

(三)晚熟品种

1. 瑞蟠4号

(1)品种来源　北京市农林科学院林业果树研究所以晚熟大蟠桃为父本，扬州124蟠桃为母本杂交育成的晚熟蟠桃新品种。

(2)物候期　以石家庄地区为例，瑞蟠4号3月中下旬萌芽，4月上中旬盛花，8月下旬果实成熟，果实发育期134天左右。

(3)果实性状　果实扁平，平均单果重220克，最大单果重350克。果形圆整，果顶凹入，缝合线中深。果皮底色淡绿，完熟后黄白色，可剥离。果面茸毛较多，1/2以上着暗红色细点晕。果肉淡绿色，硬溶质，汁液多，风味甜。可溶性固形物含量约13.5%。黏核。

(4)生长结果习性　树姿半开张，树势中庸。花芽形成较好，复花芽多，花芽起始节位为第1～2节，各类果枝均能结果，但以中、长果枝结果为主。花为蔷薇形，花药黄褐色、较大，花粉多，雌蕊与雄蕊等高或略低于雄蕊。丰产性强。

(5)品种适应范围　适宜在华北和西北等北方桃产区栽培。

(6)栽培技术要点　①合理留果，疏果时不留朝天果。②采收前1个月保证浇水充足并适当增施钾肥，以利果实增大和品质提高。③树势弱时会造成果实裂顶增多，应加强肥水和夏季修剪，维持健壮树势。④套袋可使果色更鲜艳。

(7)综合评价　本品种为优良晚熟蟠桃品种。优点是果实个大，外观美，果形端正，风味甜，品质优，丰产性强；缺点是果面暗红色，果肉绿白色。

2. 瑞蟠21号

(1)品种来源　北京市农林科学院林业果树研究所以幻想为母本，瑞蟠4号为父本杂交育成的极晚熟蟠桃新品种。

(2)物候期　以石家庄地区为例，瑞蟠21号3月中旬萌芽，4月上中旬盛花期，9月下旬果实成熟，果实发育期162天左右。

(3)果实性状　果实扁平形，平均单果重236克，最大单果重294克。果顶凹入，基本不裂，缝合线浅，梗洼浅。果皮底色黄白，套袋果实果面1/3～1/2着紫红色晕。果皮难剥离，茸毛少。果肉白色，硬溶质，汁液较多，纤维少，风味甜，较硬，可溶性固形物含量约13.5%。果核较小，黏核。

(4)生长结果习性　树势强健，树姿较直立。花芽形成较好，复花芽多，花芽起始节位低。各类果枝均能结果，幼龄树以中、长果枝结果为主。花为蔷薇形，有花粉，雌蕊与雄蕊等高或略低。自然坐果率高，丰产性强。

(5)品种适应范围　适宜于在北京、河北、山东、山西、河南、辽宁和陕西等桃主产区栽培。

(6)栽培技术要点　①合理留果。疏果时优先疏除果顶有自然伤口倾向的果实，尽量不留朝天果，幼龄树期可适当利用徒长性结果枝结果。②夏季修剪应注意及时控制背上直立旺枝。③加强生长后期的肥水管理，在采收前20～30天叶面喷施0.3%磷酸二氢钾，注意及时灌水。④注意防治褐腐病和食心虫等。⑤需进行套袋栽培。

(7)综合评价　极晚熟蟠桃品种。果个较大,风味甜。在北方桃产区可适量发展,供应中秋节和国庆节市场。

四、加工制罐桃品种

1. 金　露

(1)品种来源　大连市农业科学院 1975 年以黄露为母本,17-39(黄金桃×中割谷)为父本杂交育成的罐藏黄桃新品种。

(2)物候期　以石家庄地区为例,金露 3 月中旬萌芽,4 月上中旬盛花期,果实成熟期 8 月中旬,果实发育期 120 天左右。

(3)果实性状　果实圆形,平均单果重 201 克,最大单果重 237 克。果顶圆,两半部对称。果皮浅橙黄色,向阳面呈暗红色晕和条纹。果肉橙黄色,鲜艳,肉质细而致密,韧性较强,不溶质,耐贮运。果实近核处稍有红晕,汁液中多,风味酸甜,有清香味。可溶性固形物含量约 10.14%。黏核。可食率 93%。

(4)生长结果习性　树势强健,抽生副梢能力强。复花芽所占的比例高。长、中、短果枝均可坐果。花为铃形,有花粉,自然坐果率较高,丰产性强。

(5)品种适应范围　适宜在我国北方桃主产区栽培。

(6)栽培技术要点　①严格疏果。②适当增施有机肥。③适时采收。金露桃过熟时,向阳面果肉有红晕,影响加工品质,应在八成熟时采收。如果作鲜食用,可在充分成熟后采收,此时果实酸味小,风味较浓。

(7)综合评价　鲜食与加工兼用品种,晚熟,果个大;加工成的罐头块形完整,外观美丽,风味佳,加工品质好。增加有机肥施用量,可以提高果实糖度,向阳面的果实可以作鲜食用。

2. 郑黄 2 号

(1)品种来源 中国农业科学院郑州果树研究所以罐桃 5 号为母本,丰黄为父本杂交育成的早熟罐藏黄肉桃品种。

(2)物候期 以郑州地区为例,郑黄 2 号 3 月中旬萌芽,4 月上旬盛花,6 月底果实成熟,果实发育期 72～78 天

(3)果实性状 果实近圆形,平均单果重 123 克。果顶圆,顶点有小尖。两半部较对称,缝合线浅。果皮金黄色具红晕,果肉橙黄色,香气中等,酸甜适中,可溶性固形物含量 9%～10%。黏核。

(4)生长结果习性 树势强健,树姿半开张。花芽形成良好,复花芽多。花为蔷薇形,无花粉。

(5)品种适应范围 我国南、北方桃产区均可栽培。

(6)栽培技术要点 ①配置授粉品种或进行人工授粉。②严格疏花疏果。③适时采收。

(7)综合评价 早熟罐藏黄桃品种,果实加工罐头合格率 88%,原料利用率 57.6%,加工性能优良,品质上等。果实耐贮运。

3. 郑黄 3 号

(1)品种来源 中国农业科学院郑州果树研究所以早熟黄甘桃为母本,丰黄为父本杂交育成的早中熟罐藏黄桃品种。

(2)物候期 以郑州地区为例,郑黄 3 号 3 月中旬萌芽,4 月上旬盛花,7 月上旬果实成熟,果实发育期 85～90 天。

(3)果实性状 果形椭圆,平均单果重 132 克。果顶带小尖凸,缝合线对称。果皮浅橙黄色,阳面具浅紫红色晕。果肉橙黄色,肉质细,韧性强,不溶质,汁液少,香气淡,风味酸甜。可溶性固形物含量约 9.2%。黏核。

(4)生长结果习性 树姿较直立,树势强健,成枝力中等。长、中、短果枝均可结果。花芽形成良好,花蔷薇形,花粉量大,坐果率高。

(5)品种适应范围 我国南、北方桃产区均可栽培。

(6)栽培技术要点　①加强夏季修剪，培养大、中型结果枝组，防止内膛光秃。②及时疏花疏果，增加果个。③适时采收，提高果实合格率。

(7)综合评价　早中熟罐藏黄桃品种，果实加工合格率94%，原料利用率62.7%，加工性能优良，品质上等。

4. 金童5号

(1)品种来源　美国新泽西州New Brunswick农业试验站以PI 35201为母本，NJ 196为父本杂交育成的中熟罐藏黄桃品种。

(2)物候期　以南京地区为例，金童5号3月中旬萌芽，4月上旬盛花，7月下旬果实成熟，果实发育期115天左右。

(3)果实性状　果形近圆、略扁，平均单果重160克，最大单果重275克。果顶圆平、凹入，两半部不对称，缝合线浅。果皮底色金黄，果面50%着红色晕，近核处与肉色相同。果肉不溶质，肉质致密，汁液中等，香气浓，风味酸甜适中。可溶性固形物含量10.4%～11.5%。黏核。

(4)生长结果习性　树势强健，树姿半开张。萌芽力中等，成枝力强。花芽起始节位低。各类果枝均能结果。花为铃形，花粉量大，坐果率高，丰产性强。

(5)品种适应范围　我国南、北方桃产区均可栽培。

(6)栽培技术要点　①注意合理负载。②及时防治病虫害。

(7)综合评价　中熟罐藏黄桃品种，加工时易去皮；成品块形完整，金黄色至橙黄色，肉质致密；香气中等，甜酸适中。品质中上等，丰产。

5. 金童6号

(1)品种来源　美国新泽西州New Brunswick农业试验站以PI 36126(J. H. Hale×Bdivian cling)为母本，NJ 196(J. H. Hale×Goldfieh)为父本杂交育成的晚熟罐藏黄肉桃品种。

(2)物候期　以南京地区为例，金童6号3月上旬萌芽，3月底至4月初盛花，8月上旬果实成熟，果实发育期123天左右。

(3)果实性状　果形圆、略扁，平均单果重230克，最大单果重288克。果顶圆，两半部不对称，缝合线浅，梗洼深而窄。果皮不易剥离，底色金黄色至橙黄色，着玫瑰红色细点和条纹。果肉金黄色，带少量红丝，不溶质，汁液中等，香气浓，甜酸适中，可溶性固形物含量约13.2%。黏核。

(4)生长结果习性　树势强健，枝条粗壮，树姿半开张。萌芽力中等，成枝力强，顶端优势明显。花芽着生节位较高。花为铃形，花粉量大，较丰产。

(5)品种适应范围　我国南、北方桃产区均可栽培。

(6)栽培技术要点　①注意合理负载。②及时防治病虫害。

(7)综合评价　晚熟罐藏黄桃品种，加工时易去皮，耐煮；成品块形完整，橙黄色，肉质稍软；香气中等，甜酸适中。品质上等，丰产性好，适应性强。

五、不同地区的特色品种

(一)北方桃产区

1. 深州蜜桃

(1)品种来源　原产河北省深州市西马庄一带，系北方蜜桃品种的一个群体。其中有红蜜和白蜜两个品系。目前生产中以深州红蜜为主，下面以深州红蜜为例进行介绍。

(2)物候期　以石家庄地区为例，深州红蜜3月中下旬萌芽，4月上中旬盛花，花期较长，8月下旬至9月上旬果实成熟，果实发育期132～135天。

(3)果实性状　果实椭圆形，平均单果重280克，最大单果重510克。果顶圆凸，有时为钝尖，呈嘴状。两半部不对称。缝合线深，梗洼深广。果皮底色乳黄色，向阳面果着20%～30%红色。茸毛粗密。皮厚，韧性强，不易剥离。果肉白色，肉质致密，硬溶质，汁液多，香气中等，风味浓甜，可溶性固形物含量13.5%～18.5%。黏核。

(4)生长结果习性　树势强健，树姿较直立。中、短果枝结果较好，花芽起始节位为第4～5节。易形成“桃奴”。发生僵芽较多，尤其是长果枝，短果枝僵芽较轻。花为蔷薇形，花药白色、无粉，雌蕊比雄蕊高，坐果率低。

(5)品种适应范围　该品种适应范围较窄，现仅在河北省深州市有少量栽培。

(6)栽培技术要点　①配置授粉品种，并进行人工授粉。②加强树体管理，促进枝芽成熟、充实，减少僵芽发生。③幼龄树修剪要轻，进行长梢修剪，甩放中、短果枝，并在中、短果枝上结果。④进行套袋栽培。

(7)综合评价　深州蜜桃是我国最为古老的蜜桃类品种之一，曾作为贡品，可见其品质优良。其果形独特，为我国寿桃的典型代表。由于人们在栽培技术上过于追求产量和果个，忽视了蜜桃的内在品质，使其含糖量降低，风味变淡，声誉大降。目前当地政府和果农正采取积极措施，提高深州蜜桃品质。

2. 肥城桃

(1)品种来源　山东省肥城地方良种，相传已有1 000年的栽培历史。肥城桃按果实大小和形状、果皮及果肉色泽、风味等划分，可分为2个大类，即红里和白里。

(2)物候期　以肥城地区为例，肥城桃3月中下旬萌芽，4月中旬盛花期，8月下旬至9月上旬果实成熟，果实发育期130～145天。

(3)果实性状

①红里　果实圆形，单果重250～300克，最大单果重900克，

果顶微尖，缝合线深而明显，梗洼深广。果皮米黄色，部分果实阳面为片状红晕，果皮厚，茸毛多，不易剥离。果肉乳白色至淡黄色，近核处微红色，肉质细嫩，汁液多，硬溶质，风味甜酸适口，香气浓郁，品质佳。可溶性固形物含量13%～16%。黏核。

②白里　果实圆形或卵圆形，单果重190～250克，最大单果重500克。果尖微尖，缝合线较深，两侧较对称，梗洼深广，果形较整齐。果皮乳黄色，阳面无红晕，茸毛多，皮中等厚，不易剥离。果肉全白色、质细柔软，汁液略少，为硬溶质。风味甜，无酸味，香气浓，品质优。黏核。

(4)生长结果习性　树冠直立。花为蔷薇形，深粉红色，多数花雌雄蕊等高，也有少数雌蕊高于雄蕊。花粉量大，产量中等。

(5)品种适应范围　适宜范围较小。现主要在山东省肥城市栽培。

(6)栽培技术要点　①培养短果枝结果。②进行果实套袋。③适时采收。

(7)综合评价　我国北方蜜桃类主要类型之一。果个大，品质佳，香气浓。近几年由于人们追求产量而使肥城桃品质下降。目前当地政府正积极采取相关措施，提高肥城桃品质。

(二)南方桃产区

1. 玉露桃

(1)品种来源　浙江省奉化市的张银崇于1883年自上海黄泥墙引进尖顶水蜜桃，并对之进行长期改良而成为现在的“玉露桃”。后此桃经长期改良驯化，现培育出很多优良品系，主要有早玉露、平顶玉露、尖顶玉露和迟玉露等。现以平顶玉露为代表进行介绍。

(2)物候期　以杭州地区为例，平顶玉露3月上旬萌芽，3月底盛花期，7月底至8月上旬果实成熟，果实发育期110天左右。

(3)果实性状　果实圆形，平均单果重125克，最大单果重

398克。果顶圆平或微凹，缝合线浅，两半部较不对称，果实整齐。果皮淡黄绿色，阳面分布较多红晕，茸毛中长而密，韧性较强。果肉乳白色，近核处紫红色，肉质细而致密，柔软，略有纤维，汁液多，软溶质，风味甜，香气浓，可溶性固形物含量14%～16%。黏核。

(4)生长结果习性　树势强健。各类结果枝均能结果，但以长果枝结果为主。花芽起始节位为第二节，复花芽多。花为蔷薇形，粉红色，花粉量大，丰产稳产。

(5)品种适应范围　我国浙江省栽培最多，南方其他地区也有栽培。北方几乎没有栽培。

(6)栽培技术要点　①及时疏果，控制负载量。②果实要进行套袋栽培。③适时采收。

(7)综合评价　该品种品质上等，丰产，为南方地区经济栽培价值较高的鲜食桃品种。

2. 大团蜜露

(1)品种来源　1989年上海市南汇区大团乡果园在以太仓水蜜为主要品种的桃园中发现选出的晚熟桃新品种。

(2)物候期　以上海地区为例，大团蜜露3月下旬萌芽，4月上旬盛花，7月下旬至8月初果实成熟，果实发育期101天左右。

(3)果实性状　果实近圆形，平均单果重180克，最大单果重450克。果顶圆平，稍凹，缝合线深。果皮底色黄绿，果顶及阳面覆盖红霞，部分果实果面有红色果点，茸毛短而稀，果皮不易剥离。果肉白色，近核处稍有红色，肉质致密，纤维中等，汁液中等，风味甜浓，香气淡。多雨年份有少量裂核。可溶性固形物含量一般在12%～14%，高者可达16.5%。黏核。

(4)生长结果习性　树势中等，树冠开张。萌芽力和成枝力强。结果初期以长果枝结果为主，盛果期各类果枝均能结果，但以中果枝和短果枝结果为主。花为蔷薇形，雌蕊比雄蕊高，无花粉，丰产性好。

(5)品种适应范围　适宜在我国南方桃主产区栽培，如上海、浙江和江苏等地。

(6)栽培技术要点　①配置授粉品种，并进行人工授粉，也可进行避雨栽培。②需长途运输时，应在八九成熟采收，此时果实较耐贮藏。

(7)综合评价　该品种果实个大，风味浓甜，综合性状良好，抗炭疽病，是江苏、浙江和上海一带的主要栽培品种。缺点是其没有花粉。

3. 湖景蜜露

(1)品种来源　江苏省无锡市郊梅园乡湖景村邵阿盘于1964年在基康桃园中发现，因其成熟期在白凤之后，故又称之为晚白凤。1977年定名为湖景蜜露。

(2)物候期　以江苏无锡地区为例，湖景蜜露3月中下旬萌芽，4月上旬盛花，比其他品种略迟，7月中下旬成熟，果实发育期110天左右。

(3)果实性状　果实圆形，平均单果重120克，最大单果重338克。果顶平，缝合线浅，两半部对称，果形整齐。果皮底色浅黄白色，成熟后全果呈粉红色，外观艳丽，皮易剥离。果肉白色，肉质柔软，组织致密，汁液多，纤维少，味甜，有香气，可溶性固形物含量12％～14％。黏核。

(4)生长结果习性　树势中庸，树姿开张，生长较旺盛。花芽起始节位为第2～3节，各类果枝均能结果，以中、长枝结果为主。复花芽多而饱满，花蔷薇形，花粉多。坐果率较高，丰产稳产。

(5)品种适应范围　适宜我国南方桃主产区栽培，如江苏、浙江和上海等地。

(6)栽培技术要点　①严格疏果。②充分成熟后采收，不宜过早，过早采收品质较差。③采用小包装或笼屉包装。

(7)综合评价　水蜜桃类型，果个大，品质佳，汁多味甜，不耐贮运。坐果率较高，丰产稳产。

4. 大 红 袍

(1)品种来源　湖北省大悟县大新店地方品种。

(2)物候期　以武汉市孝感地区为例，大红袍 3 月上中旬萌芽，3 月下旬至 4 月初盛花，6 月中旬果实成熟，果实发育期 74 天左右。

(3)果实性状　果实卵圆形，平均单果重 76 克，最大单果重 120 克。果顶部圆而先端突起，缝合线浅，较对称，果顶微尖。果面底色浅绿色，有紫红色块状与条纹状着色，完熟时呈红色。茸毛密且多，果皮不易剥离。果肉红色，硬溶质，汁液少。果实风味甜，香气中等，可溶性固形物含量约 11.2%。离核。

(4)生长结果习性　树势强健，树姿半开张。以长果枝结果为主。花为蔷薇形，雌蕊与雄蕊等高，花粉量大，坐果率较高，丰产稳产。

(5)品种适应范围　现主要分布于湖北省大悟、孝感、广水、安陆和武昌等地。抗旱性强，适宜在湖北省东北山区少量发展。其他地区几乎没有栽培。

(6)栽培技术要点　①树冠高大，长势旺，适宜栽培密度为 3～4 米×5～6 米。②加强夏季修剪，增加树冠的通透性。冬季修剪以疏为主，采用长梢修剪技术，促进早果丰产。③防治蚜虫、桃一点叶蝉、桃红颈天牛、桃蛀螟等虫害和桃疮痂病、桃流胶病等病害。

(7)综合评价　大红袍是湖北省优异的珍稀地方桃资源品种，也是我国的特色桃种质，鲜食品质优。大红袍桃果肉颜色和风味独特，在其栽培地已得到消费者的认可。大红袍丰富了我国桃品种类型，填补了市场空缺，增加了桃品种的多样性和特色性。

5. 白花水蜜

(1)品种来源　系上海水蜜桃后裔，又名无锡水蜜桃，为我国南方桃品种群中一个较老的地方晚熟品种。品系较多，其中以平顶白花品质最佳。目前在江苏、上海和浙江等地广为栽培。

(2)物候期　以上海地区为例，白花水蜜2月底至3月初萌芽，4月初盛花，花期较迟，8月上中旬果实成熟，果实发育期122天左右。

(3)果实性状　果实椭圆形，平均单果重150克，最大单果重350克。果顶稍圆或微尖，缝合线宽浅，梗洼狭而深，两半部不对称。果皮浅黄白色，阳面粉红色，果皮厚，可剥离，茸毛短，细密。果肉乳白色，近核处深红色，肉质致密，纤维少，硬溶质，成熟后柔软多汁。风味佳，香气浓。可溶性固形物含量13%左右。黏核。

(4)生长结果习性　树势强健，树姿较开张。幼龄树生长旺盛，盛果期以中、短果枝结果为主。花蔷薇形，花瓣大，近粉白色，雌蕊高于雄蕊，无花粉。

(5)品种适应范围　适宜在我国南方桃产区栽培，尤其是江苏、浙江和上海一带栽培较多。

(6)栽培技术要点　①配置授粉品种。②修剪时采用拉枝、摘心等技术，冬季修剪宜采用轻剪长放，以缓和树势。③注意防治桃疮痂病，提高果实外观品质。④进行套袋栽培。⑤适时采收。树冠中下部的中果枝桃开始上色时即可采收。

(7)综合评价　白花水蜜是优良的水蜜桃品种，品质优，口感好，果个大，较耐贮运，丰产性好，深受消费者和果农喜爱。

第三章 配套栽培技术

一、建 园

（一）不同区域的园地选择

1. 地势 平地地势平坦，土层深厚、肥沃，气温变化缓和，桃树生长良好，但通风和排水不如山地，且易染真菌病害。平地还有沙地、黏地，较高的地下水位（高于1米）和盐渍等不良因素，所以栽植地宜于先改造后建园。山地、坡地的通风透光和排水良好，栽植的桃树病害少，品质优于平地桃园，如河北省顺平县山地栽培的大久保桃，果实个大、颜色好、硬度大、风味甜，果实性状优于河北省平原地区栽培的大久保桃。桃树喜光，应选在南坡日光充足的地段建园，但山坡阳面物候期较早，应注意花期晚霜的危害。现在提倡在山地建园，因为山地的土壤、空气和水分未被污染或污染极轻，是生产安全果品的理想地方，且果实品质好。

2. 土壤 桃树耐旱忌涝，根系好氧，适于在质地疏松和排水畅通的沙质壤土上建园。在黏重和过于肥沃的土壤上种植的桃树，易徒长，且患流胶病和颈腐病的概率较大，一般不宜选用，尤其是地下水位高的地区不宜栽桃。上海等南方地区，大多为黏重土壤，建园前要先进行土壤改良。

3. 重茬 桃树对重茬反应敏感，往往表现生长衰弱、产量低、易流胶、寿命短，或生长几年后突然死亡等。重茬桃园生育不良和早期衰亡的原因很复杂，除了营养和病虫害原因之外，有人认为是桃树根残留物分解产生毒素，最终导致树体死亡，应尽可能避免在重茬地建园。

河北省农林科学院石家庄果树研究所从1998年开始试验研究，证明以下3种方法可以减轻重茬病的危害。

(1)先行间错穴栽植大苗，2年后再刨老树　主要原理是老桃树根系处于生长状态时，不会产生毒素，这时栽上大苗并不表现重茬症状，之后将老树刨去，这时新栽小树已形成较大根系，再刨掉老树对小树的影响已很小。

(2)种植禾本科农作物　刨掉桃树后连续种植2～3年农作物(小麦、玉米)，对消除重茬的不良影响有较好效果。

(3)用拖拉机等拔掉要淘汰的桃树　用大型挖沟机挖宽80～90厘米、深80厘米的沟，将其中的各种根全部捡除。此法使桃树在土壤中尽可能不留根系，比刨树效果好。晾坑3～5个月，到翌年春季定植新苗前将土壤混合后，进行填沟。如果有条件，可填入部分客土，效果更好。

(4)栽大苗　在栽植时，栽大苗(如2～3年生大苗)比小苗效果好。大苗根系发达，根系多且粗壮，比小苗抗毒素效果好，尤其忌栽细弱的当年生小苗。

(二)黏重土壤的改良

上海地区的土壤性质属于黏壤土，质地黏重，保肥、保水能力较好，但通透性较差。嘉兴水蜜桃多种植在水稻田青紫泥土，土质黏重，多数地下水位不到1米，土壤通透性差。在这种立地条件下，桃树根系分布浅，吸收根多分布在地表下10～20厘米的土层中，根系最深分布在30～35厘米土层中，新根发生少，养分吸收差，树势生长弱，流胶病发病率高。为此，必须增施有机肥料，深翻熟化，改良土壤。

方法：一是在定植穴内施足有机肥，定植后1年播种2次绿肥;二是秋季种苜蓿和蚕豆,夏季种黄豆,青梗时深埋入土,连续播种 2~3 年。以上两种方法均可不断增加土壤有机质和腐殖质含量,改善土壤理化性状,增加土壤通透性,降低土壤 pH 值,更利于桃树的生长。

(三)桃园规划设计

桃园规划区除包括桃树种植区,还包括其他种植业占地、防护林、道路、排灌系统和辅助建筑物占地等。桃园规划时应尽量提高桃树占地面积,控制非生产用地比例。多年经验认为,桃园各部分占地的大致比例为:桃树占地 90%以上,道路占地约 3%,排灌系统占地约 1.5%,防护林占地约 5%,其他占地约 0.5%。

1. 桃园园地(作业区)的区划 根据桃园的地形、地势、土壤条件、小气候特点和现代化生产的要求,因地制宜地划分作业区。作业区通常以道路或自然地形为界。作业区面积小者 1 公顷,大者 10 公顷不等,具体因地形和地势而异。地形复杂的山区,作业区的面积较小(0.3~1.3 公顷),丘陵或平原可大些(3~13 公顷)。作业区的形状以长方形为宜,此形状更利于耕作和管理。小区长边应与主要有害风向垂直或稍有偏角,以减轻风害。

2. 桃园道路系统的规划 根据桃园面积、运输量和农机具运行的要求,常将桃园道路按其作用的主次,设置成宽度不同的道路。主路较宽(6~8 米),并与各作业区和桃园外界连通,是产品和物资等的主要运输道路。作业区之间由支路(4~6 米)相连。为方便各项田间作业,作业区内必要时还可设置作业道(1~2 米)。道路尽可能与作业区边界一致,以避免道路过多地占用土地。

3. 桃园排灌系统的规划 首先解决水源,根据水源确定灌溉方式(沟、畦灌溉,喷灌,滴灌),并设计排水渠、灌水渠。通常灌溉渠道与道路相结合,排水渠与灌渠共用。

4. 辅助建筑物　包括管理用房、药械贮藏库、包装场、配药池、畜牧场和积肥场等。管理用房和各种库房最好选择靠近主路、交通方便、地势较高和有水源的地方。包装场和配药池等地最好位于桃园或作业区的中心部位，这样更有利于果品采收集散和药液运输。畜牧场和积肥场则以水源方便和运输方便的地方为宜。山地桃园和包装场设在下坡，积肥场设在上坡。

5. 绿肥地　利用林间空隙地、山坡坡面和滩地种绿肥，必要时还应专辟肥源地，以供桃树用肥。

6. 防护林规划　桃园建立防护林可以改善桃园的生态条件，提高桃树的坐果率，增加果实产量，提高果实品质，取得更好经济效益。防护林能抵挡寒风的侵袭，降低桃园的风害，控制土壤水分的蒸发量，并能调节桃园的温湿度，减轻或防止霜冻危害和土壤盐渍化。

（四）不同区域的桃树苗木定植技术

1. 定植时间　北方多在春季进行，一般是在萌芽前。冬季雨水充足、风小、气温较高的地区以10～11月份定植为佳，可缩短缓苗期；海拔较高、风大寒冷的地区，以开春后2月份定植为宜。

2. 栽植密度　平原肥沃地一般密植栽培的株行距为2.5米×5～6米，普通栽培为4米×5～6米。行间生草，行内覆盖，或行间、全园进行覆草。通常山地桃园土壤较瘠薄，紫外线较强，树冠较小，密度可比平原桃园大些。大棚或温室栽植时，一般密度为株距1～2米，行距2～2.5米。主干形整形栽植密度应为株距1米，行距2～3米。平原地区可适当稀植，山坡瘠薄地可适当密植。曙光油桃等生长较旺的品种，由于在南方长势较旺，成枝力强，易造成树冠郁闭，病害加重，生产中不宜栽培过密，一般为4～5米×5米。

3. 起垄栽培　主要采用小型挖掘机聚土起垄。挖掘机其中一根履带先与行线齐平，并将起垄位置(2米宽度范围内)进行松土，松土深度30～50厘米；再将行间其余3米范围内表层肥沃土壤(深度15～20厘米)堆到种植带内，直到垄高达50厘米、宽达200厘米。全垄须呈直线。垄间可以推平，以便于田间管理操作和今后生草。若园地较低、地下水位高，则可以在行间挖排水沟。

4. 栽植方法

(1)定植点测量　无论是哪种类型的桃园，都必须定植整齐，便于管理。因此，需在定植前根据规划的栽植密度和栽植方式，按株行距测量定植点，按点定植。

(2)定植穴准备　定植穴的大小，一般要求直径和深度各50～80厘米。土壤质地疏松者可浅些，而下层有胶泥层、石块或土壤板结者应深些。定植穴实际是小范围的土壤改良，因而土壤条件愈差，定植穴的质量要求愈高，尤其是深度，最好达60厘米以上。如桃园为质量好的地块，一般要求直径和深度各为50厘米。

①挖穴　应以栽植点为中心，挖成上下一样的圆形穴或方形穴。如果是春栽，最好秋冬挖好穴，晾晒土壤，使其充分熟化，积存雨雪。干旱缺水的桃园，蒸发量大，先挖穴易跑墒，不如边挖边栽，更能提高苗木成活率。

②填土与施肥　栽植桃树前，可以先填入部分表土，再将挖出的土与充分发酵好的基肥混合后填入，边填边踏实。填土离地面约30厘米时，将填土堆成馒头形，踏实并覆一层底土，使根系不用直接与肥接触而受到伤害。填土后有条件者可先浇1次水再栽树。

(3)苗木准备　重茬地栽培桃树时，最好栽植大苗，不栽半成苗。①将苗木按质量分级，剔除弱苗和病苗，并剪除根蘖及折伤的枝、根和死枝、枯桩等。②喷3～5波美度石硫合剂或用0.1%升汞液泡10分钟，再用清水冲洗。③栽植前根部应蘸泥浆保湿，以便根系与土壤密接，可有效地提高成活率。

为避免苗木品种混淆，栽植前可先按品种规划的要求，将苗木按品种分发到定植穴边，并用湿土把根埋好待栽。可在每行或两品种相连处挂上品种标签。同时，苗木应分级栽植，便于管理。可以适当定植部分假植苗，以防苗木死亡或被破坏后进行补栽。

5. 苗木定植及绘图 定植的深度，通常以苗木上的地面痕迹与地面相平为准，并以此标准调整填土深浅。栽植深浅调整好以后，苗木放入穴内，接口朝向主要有害风方向；将根系舒展，向四周均匀分布，不使根系相互交叉或盘结；将苗木扶直，与前后左右的苗木对齐，使其纵横成行；填土，边填边踏边提苗，并轻轻抖动，以便根系向下伸展，与土紧密接触；填土至地平，做畦，浇水。1周后再浇1次水。定植后应立即绘制定植图。

6. 定植后管理 幼龄树由苗圃移栽到桃园后，环境条件骤然改变，幼龄树抗逆性较弱，需要一段适应过程。因此定植后1年的管理水平对于保证桃树成活、早结果和早丰产至关重要，不可轻视。主要管理措施如下。

(1)及时浇水 虽然桃树比较耐旱，但为了早丰产还是需要及时浇水，以保证桃树成活，促其快速生长，提早结果。桃树生长后期要少浇水，以免树体徒长而影响越冬。

(2)套袋和立棍保护 金龟子发生严重的地区，对半成苗要套袋，以保护接芽正常萌发成新梢，当新梢长到30厘米左右时须立支棍保护。

(3)合理间作 行间可种植绿肥和其他农作物，但要与桃树生长期的营养需求不矛盾，如不争肥水、不诱发病虫害等。

(4)防寒越冬 北方地区需垒土埂、覆地膜以及埋土，以提高幼龄树的越冬能力。

(五)品种选择

1. 选择桃品种应注意的问题

(1)品种适应性 品种的适应性是选择品种的最基本要素。

应根据地区的自然生态条件，选择适宜当地的桃品种，做到“适地适栽”。不同品种的适应性也不同，每个品种只有在它最适的条件下才能发挥其优良特性，产生最大效益。一些地方特产品种，如肥城桃和深州蜜桃的适应性较差；雨花露、雪雨露和玫瑰露等品种则在南、北方均表现良好；大久保在山区表现比平原好，在我国北部表现比南部好。

(2)市场需求　要考虑3年后桃果实的销售市场定位在哪儿，是销向本地还是外地，是南方还是北方。如是出口，销向哪个国家，不同消费地点和消费者对桃果实有何要求，是甜还是酸甜，是离核还是黏核，果肉是白色还是黄色等。

(3)种植目的　提倡使用专用品种，不提倡使用兼用品种。种植者为了减轻市场风险，有时选用鲜食与加工兼用品种，或鲜食与观赏兼用品种，但往往事与愿违。

(4)承受风险能力　种植者选择最新品种往往可以获得比较高的收益，但也可能有失败的风险。引进新品种前必须先进行栽植实验。对于承受风险能力弱者，可以选择已经过多年试验成功的品种。通过加强栽培管理，种植这些品种同样可以获得较高的收益。

(5)种植规模　种植规模大时要考虑选几个成熟期不同的品种进行栽植，并安排好各品种的栽植比例。种植规模小时品种数量要少些。如果种植品种过多，反而给栽培管理和销售带来不便。

(6)其他因子

①抗寒性与需冷量　有的品种抗寒性较差，如中华寿桃和21世纪等。2009年冬，中华寿桃在河北省受冻率达80%以上，有的地区“全军覆灭”。南方地区则要考虑品种的需冷量。

②是否有花粉　一个品种没有花粉是这个品种的缺陷，但不一定说这个品种就不是优良品种。如仓方早生、砂子早生、红岗山、丰白和八月脆等品种，虽没有花粉，但都具有很好的果实性状，

如果实个大、果实硬度大和品质好等。通过对这类品种采取相应的栽培技术（修剪和肥水）、配置适宜的授粉品种和进行人工授粉等，均是可以获得理想产量的。不过对无花粉品种进行人工授粉，会增加劳动力成本。各地要依据具体情况来选择是否栽培无花粉品种，尤其要考虑花期是否有足够的人力进行人工授粉。无花粉品种如花期遇不良天气，还有产量低的风险。

③裂果　有些品种有裂果现象，如燕红、21 世纪、中华寿桃以及部分油桃品种等，尤其是成熟期正值雨季，会加重裂果。目前，通过套袋可以减轻裂果，但是生产成本会增加。

④引种　引进国外品种要注意是否是专利品种，是否经过检疫。若是国内品种则应考虑是否已通过鉴定、认定和审定。同样条件下应尽量选择国产品种。

⑤是否同物异名或同名异物　同物异名是指同一品种有不同的名称，比方说丰白品种还有杨屯大桃、熊岳巨桃、重阳红、天王、莱选 1 号等 10 余个名字。中华寿桃也有几个名称。同名异物是指两个不同的品种却有相同的名称。所以，在选择品种时，绝不能只看名称是新品种就判定是新品种，要进行实际考察才能确定。

2. 桃树引种时应注意的问题　不同品种有其不同的适应范围，在一个地区表现好，到另一地区并不一定就好。

(1)查询品种来源，测验品种适应性　要了解品种的来源，包括其父、母本，育成单位的地理位置，该品种的优缺点，然后分析它可能的适应性，再引种试验。

(2)是否已通过审定　新品种通过审定才可进行推广。要尽量引进通过审定的品种。

(3)先引种试种，再扩大规模　结合当地的气候条件和市场需求，选择适销对路的品种进行试种。通过引种试验，充分了解品种的果实经济性状、生物学特征特性、丰产性、适应性和抗逆性等特征特性，如确认其表现优良，再进行推广。在气候相似的地区也可以直接发展。

(4)尽量到品种培育单位去引种　为保证引种纯度，应尽量到品种培育单位进行引种。

(5)了解引种规律　一般情况下，南方培育的品种引种到北方更易于成功；相反，引种成功率则相对较小。

3. 南方品种选择注意事项

(1)选择短低温型品种　需冷量是指休眠期所需低于 7.2℃的温度时数，它关系着桃能否正常开花结果，是种植成功的关键。需冷量少的品种即短低温品种。如重庆和成都地区应选择需冷量 800 小时以内的品种，而广西北部地区则应选择需冷量在 600 小时以下的品种，才能在冬季顺利休眠。

(2)不裂果　在夏季高温、多湿的环境或栽培技术不当时，油桃常发生裂果。多年的调查结果表明，曙光、艳光、中油 4 号、中油 5 号、早红宝石、特早红、双喜红和千年红等品种均表现为不裂果，在雨水较多的年份裂果也较轻微。华光裂果较严重，即使在雨水较少的年份，也会出现普遍裂果现象。裂果与遗传特性有关，也与南方高温多雨的气候有关，使用套袋可减轻裂果，但是有些品种，如华光即使套袋也不能避免裂果；有时在北方完全不裂果的品种，引到南方后也会严重裂果。因此，在引种时一定要注意品种之间抗裂果能力的差异。

(3)早熟　应尽量选择成熟期在 6 月上旬之前的早熟品种，避开雨季的不利影响。

(4)品质问题　油桃品质受雨水影响极大，若在采摘前遇到大雨，则甜度大降，风味变淡，因此选择成熟期能避开雨季的品种是非常重要的。

(5)其他　因南方气温高，湿度大，病虫害多，故宜选择抗病力强的品种。另外，南方生长期长，温度高，油桃生长快，可选择生长相对较弱的短枝型品种。

(六)授粉品种配置

1. 无花粉品种须配置授粉品种 桃多数可自花结实,不用进行人工授粉就可以获得理想的产量。但一些无花粉品种,如果不配置授粉品种,就不能获得理想的产量,因此在建园时必须配置授粉品种。授粉品种应该与主栽品种有同等的经济价值,花期相遇或较早,或亲和力良好。无花粉品种的花期应与授粉品种同期或稍晚。有一些品种本身虽然有花粉,但是自花结实率低,如配以授粉树也会提高坐果率。

2. 授粉品种的配置数量 在前些年,桃树配置授粉品种比例一般采用苹果和梨的比例,即1∶4～5,但桃不同于苹果和梨。主要是苹果和梨本身均有花粉,只是自花结实率低,其昆虫授粉效率高,所以1∶4～5的比例是完全够用的。桃由于自身无花粉,授粉昆虫不去无花粉的花上采粉,只是采蜜的才光顾,而采蜜的蜜蜂在身上粘着花粉较少,昆虫传粉的效率极低。试验证明,要收到较好的蜜蜂传粉的效果,应加大蜜蜂的数量,而且还要加大授粉品种的栽植比例,使之达到1∶1。

二、桃树土肥水管理

(一)桃树土壤管理

1. 果园生草

(1)果园生草的优点 果园生草技术就是在果园种植绿肥作物,其优点如下。

第一,绿肥营养丰富,可为桃树提供各种营养。绿肥含有较多有机质、大量元素和微量元素。微量元素中,含钙、镁、锌、铁、锰和硼最多的分别为三叶草、箭筈豌豆、紫花苜蓿、三叶草、沙打旺和紫云英。其中三叶草的钙和铁含量均为最高。

第二，果园生草能够显著提高土壤有机质含量，提高营养元素的有效性。果园生草时，草根的分泌物和残根促进了土壤微生物活动，有助于土壤团粒结构形成。同时，绿肥翻压腐解后，又可向土壤提供大量有机质和矿物质。尤其对质地黏重的土壤，生草对其改良作用更大。

第三，果园生草可改善小气候，增加天敌数量，有利于果园的生态平衡。生草可使夏季果园温度降低 5℃～7℃，有效防止日灼；冬季提高地温 1℃～3℃，有利于桃树抗寒。在桃园种植紫花苜蓿、三叶草等，可形成有利于天敌而不利于害虫的生态环境，从而减少农药用量，促进果园生态平衡。

第四，果园生草增加地面覆盖层，减少土壤表层温度变幅，有利于桃树根系生长发育。夏季中午，沙地清耕桃园裸露地表的温度可高达 65℃～70℃，而生草园仅为 25℃～40℃；晚秋时的地温又相对比清耕高 4.7℃，促进花芽分化。北方寒冷的冬季，清耕果园冻土层可达 25～40 厘米深，而生草果园冻土层仅 15～35 厘米深。

第五，果园生草有利于改善果实品质。一般果园容易偏施氮肥，往往造成果实品质不佳。果园生草使土壤含氮量降低，磷和钙有效含量提高，使桃树营养均衡，坐果率高，增加果实可溶性固形物含量和果实硬度，促进果实着色，提高果实抗病性和耐贮性等。另外，生草覆盖地面可减轻采前落果和采收时果实的损伤。

第六，山地、坡地果园生草可起到水土保持作用。果园生草形成致密的地面植被可固沙固土，减少地表径流对山地和坡地土壤的侵蚀。同时，生草可将无机肥转变为有机肥，固定在土壤中，增加土壤蓄水能力，减少水、肥流失。

第七，减少果园投入。果园生草不必每年进行土壤耕翻和除草，1 年只需刈割几次，因此节省了用工及费用，降低了生产成本；生草各种养分含量高，土壤保蓄能力强，还可减少肥料的投入。

第八，提高土地利用率，促进桃树发展，同时促进畜牧业可持续发展。有些草含有丰富的蛋白质、淀粉、维生素等养料，是家畜、家禽的优质饲料。畜禽产生的粪便又是优质有机肥，增加了果园的肥源。“以草养田，以草养畜，以畜积肥，以肥养地”，这样就形成了一个良性生物圈，从而提高了果实品质。

(2)果园生草的技术

①果园生草种类的选择依据　适于果园种的草应具备以下特点：对环境适应性强，水土保持效果好，有利于培肥土壤，不分泌毒素或有克生现象，有利于防治桃园病虫害，有利于田间管理和栽培。

②果园生草的适宜种类　有豆科植物的白三叶草、红三叶草、紫花苜蓿、毛叶苕子和夏至草等，禾本科植物的黑麦草和早熟禾等。草种最好选用三叶草、紫花苜蓿和毛叶苕子。

③播种方式　果园生草可采用全园生草、行间生草和株间生草等模式。具体模式应根据果园立地条件和种植管理条件而定。一般土层深厚、肥沃和根系分布深的桃园，可全园生草；反之，丘陵旱地果园宜在果树行间和株间种植。在年降水量少于500毫米，而且无灌溉条件的果园，不宜生草。

④播种方法　下面以白三叶草为例进行介绍。

第一，播种方法。撒播和条播均可。撒播操作简便易行，工效高，但出苗不整齐，苗期管理难度大，缺苗现象严重。条播节省草种，可用覆草保湿，也可补墒，利于出苗和幼苗生长，极易成坪。条播行距视土壤肥力而定，土壤质地好、肥沃，又有浇水条件时，行距可大，反之则小(一般为15～30厘米)。

第二，播种时间。应根据具体情况而定。春季具备浇水条件的可在3～4月份(10厘米地温升到12℃以上时)播种，11月份即可形成20～30厘米厚的致密草坪；5～7月份播种，草生长也较好，但苗期杂草多，生长势强，管理较费工；8～9月份播种，杂草生长势弱，管理省工；9 月中旬以后播种，则植株冬前很少分生侧茎，越冬易受冻死亡。

第三，播种量。一般每 667 米^2 播种量以 0.5～0.75 千克为宜。播种时土壤墒情好，播种量宜小；土壤墒情差，播种量宜大。

第四，播种具体操作。白三叶草种子小，顶土力弱，幼苗期生长缓慢，土壤必须底墒较好。可每 667 米^2 施 1 500 千克以上细碎有机肥料和 30 千克过磷酸钙，然后精细耕翻土地 30 厘米，并耙平土面。播种时用过筛的细土或沙与种子以 10～20∶1 的比例混合，以确保播种均匀。条播后覆土厚 1 厘米，沿行用脚踏实。采用撒播时，用竹扫帚来回拨扫覆土或用铁耙子轻耙覆土。覆土后用铁耙压一压，使种子与土壤紧密结合，以利于出苗和生长。播种后，覆盖地膜保墒更好，出苗快而齐全。

⑤播后管理

第一，苗期管理。白三叶草幼苗生长缓慢，抗旱性差。若苗期喷施 2～3 次叶面肥，可提早 5～10 天成坪。春播后要适当覆草保湿，幼苗期遇干旱要适当浇水补墒，同时，浇水后应及时划锄，清除野生杂草。5～7 月份播种的杂草较多，雨季灭除杂草是管理的关键环节。及早拔除禾本科杂草，或当杂草高度超过白三叶草时，用 10.8%氟吡甲禾灵乳油 500～700 倍液均匀喷雾，效果很好。白三叶草成坪后，有很强的抑制杂草生长的能力，一般不再人工除草；白三叶草第一年尚不能形成根瘤，需要补充少量氮肥，以促进其根瘤生长。对于过晚播种的要用碎麦秸等进行覆盖，以防冻害。

第二，雨季移栽。7～8 月份降雨较多，适于移栽。方法是将长势旺盛的白三叶草分墩带土挖出，在未种草行间挖同样大小的坑移植，栽后浇水。

第三，病虫害防治。白三叶草上发生的病虫害较轻，以虫害为主，主要防治对象为棉铃虫、斑潜蝇、地老虎等。一般年份防治桃树病虫害时可兼治，无须专门用药。在害虫大发生时，可选用苏云金杆菌(Bt)乳剂等进行防治。

第四,成坪后的管理。白三叶草草坪管理有3种方式:一是刈割2～3次。第一次刈割以初花期为宜,割后长到30厘米以上时再刈割。每次刈割宜选在雨后进行。刈割留茬一般在5～10厘米,以利再生。割下的草可集中覆盖树盘,或作饲草发展畜禽业。二是选用除草剂,用20%百草枯将白三叶草杀死。刈割或喷百草枯后,须撒施少量氮、磷肥,以促进白三叶草迅速再生。三是任其自生自灭,自然更新,草坪高度在生长期内保持20～30厘米。桃树施肥开沟或挖穴时,将白三叶草连根带土挖出,施肥后再放回原处踩实即可。

2. 果园覆盖

(1)果园覆盖的好处　据研究,麦秸覆盖对旱地桃园土壤温度和水分动态变化有较好的调节作用。旱地桃园覆盖麦秸后,整个生长季内0～60厘米厚的土层土壤相对含水量较高,土壤水分蒸发大减,保水能力增加。同时,在高温生长季节麦秸覆盖能有效调节旱地土壤耕作层0～20厘米的温度变化。如果园覆盖使3～6月份的土壤温度平均下降3.4℃,从而推迟桃树初花期、盛花期、末花期、展叶期各2天,有利于桃树避开早春晚霜危害;同时覆草可降低7～8月份高温季节的土壤温度,尤其是显著降低每日高温时段(下午1～3时)的土壤温度,降幅达3.3℃～3.5℃,更利于树体生长发育和果实品质改善。

(2)果园覆盖的方法　果园覆盖作物秸秆一般全年都可进行,但春季首次覆盖应避开2～3月间土壤解冻时间,以便提高土壤温度。就覆盖材料而言,夏、秋收后可及时利用作物秸秆,以减轻地面积压。第一次覆盖应在10厘米地温达到10℃或麦收以后,可以充分利用丰富的麦秸、麦糠等。覆草以前应先浇透水,然后平整园地,整修树盘,使树干根颈处地面略高于树冠下。进行全园覆盖时,每667米^{2}用干草1 500千克左右,如草源不足,可只进行树盘覆盖。不管是哪种覆盖，覆草厚度一般都在 15～20 厘米，并加尿素 10～15 千克/667 米²。覆草后，在树行间开深沟，以便蓄水和排水，起出的土可以撒在草上，以防止风刮或火灾，并可促使其腐烂。

果园覆草以后，每年可在早春、花后、采收后，分别追施氮肥。追肥时，先将草分开，挖沟或穴施，逐年轮换施肥位置；施后适量浇水，或直接在雨季将化肥撒施在草上，任雨水淋溶。果园覆草后，应连年补覆，使其保持 20 厘米的厚度，以保证覆草效果。连续覆盖 3～4 年以后，秋冬应刨园 1 次，土深 15～20 厘米，将地表的烂草翻入，以改善土壤团粒结构、促进根系的更新生长，然后再重新进行覆草。

在南方，可于梅雨结束之后，高温干旱来临之前（约 6 月底），疏松畦面表土，均匀覆盖稻草，再盖上薄土，以保持土壤水分。

3. 果园清耕和果园间作

（1）果园间作　宜在幼龄树园的行间进行，成年果园一般不提倡间作。间作时应留出足够的树盘，以免影响桃树的正常生长发育。间作物以矮秆、生长期短、不与或少与桃树争肥争水的作物为主，如花生、豆类、葱蒜类及中草药等。

（2）果园清耕　果园清耕是目前最为常用的桃园土壤管理制度。在少雨地区，春季清耕有利于地温回升，秋季清耕有利于提高晚熟桃的果实糖度和品质。清耕桃园内不种其他作物，一般在生长季进行多次中耕，秋季深耕，以保持表土疏松无杂草，同时加大耕层厚度。清耕法可有效地促进微生物繁殖和有机物氧化分解，显著改善和增加土壤中有机态氮素。但如果长期采用清耕法，在有机肥施入量不足的情况下，土壤中的有机质会迅速减少，土壤结构遭到破坏，在雨量较多的地区或降水较为集中的季节，容易造成果园水土流失。果园清耕易导致果园生态退化、地力下降、投入增加、果树早衰和果实品质下降等。

(二)桃树灌水

1. 桃树需水特点 桃树对水分较为敏感,表现为耐旱怕涝。在桃树整个生长期,土壤相对含水量在40%~60%有利于枝条生长与生产优质果品;当土壤相对含水量降至10%~15%时,枝叶出现萎蔫现象。桃树有两个关键需水时期,即盛花期和果实第二膨大期。如果盛花期水分不足,则桃树开花不整齐,坐果率低。如果果实第二膨大期土壤干旱,则会影响果实增大,减少果实重量和体积。这两个时期应尽量满足桃树对水分的需求。因此,需根据不同品种、树龄、土壤质地和气候特点等来确定桃园灌溉时期和用量。

2. 灌水时期

(1)萌芽期和开花前 这次灌水是补充长时间的冬季干旱,为桃树萌芽、开花、展叶,提高坐果率和早春新梢生长做准备。此次灌水量要大。此期在南方正值雨水较多的季节,要根据当年降水情况安排灌水,以防水分过多。如上海地区桃树萌芽和开花期至硬核期,雨水较多,需加强排水,不宜灌水。此次灌水可以结合花前施肥进行。如果上一年冬天已灌水,此次也可不进行灌水。

(2)硬核期 此时枝条和果实均生长迅速,需水量较多,枝条生长量占全年总生长量的50%左右。硬核期对水分也很敏感,水分过多则新梢生长过旺,与幼果争夺养分,会引起落果。此期在南方正遇梅雨季节,应根据具体情况确定,如当地雨水过多,需加强排水。此期可结合施肥进行灌水。

(3)果实膨大期 一般是在果实采前20天左右,此时的水分供应充足与否对产量影响很大。此时早熟品种在北方还未进入雨季,需进行灌水。中、早熟品种成熟以后,灌水与否以及灌水量视降雨情况而定;此时灌水要适量,有时灌水过多会造成裂果和裂核。南方此时正值旱季,特别是7~8月份,应结合施肥灌水。

(4)休眠期 我国北方秋、冬干旱,在入冬前充分灌水,有利于桃树越冬。灌水的时间应掌握在以水在田间能完全渗下去，而不在地表结冰为宜。石家庄地区灌水以11月底至12月初为宜。

3. 灌水方法

（1）地面灌溉　有畦灌和漫灌两种，即在地上修筑渠道和垄沟，将水引入果园。其优点是灌水充足，保持时间长；缺点是用水量大，渠、沟耗损多，浪费水资源。目前我国大部分果园仍采用此方法。

（2）喷灌　喷灌比地面灌溉省水30%～50%，并具有喷布均匀，减少土壤流失，调节果园小气候，增加果园空气湿度，避免干热、低温和晚霜对桃树的伤害等优点。同时，喷灌节省土地和劳力，便于机械化操作。目前我国仅部分果园应用。

（3）滴灌　是指将灌溉用水在低压管系统中送达滴头，由滴头形成水滴后，滴入土壤而进行灌溉，用水量仅为沟灌的1/5～1/4、喷灌的1/2左右，而且不会破坏土壤结构，不妨碍根系的正常吸收，具有节省土地、增加产量、防止土壤次生盐渍化等优点。滴灌有利于提高果品产量和品质，是一项有发展前途的灌溉技术，特别是在我国缺水的北方，应用前景广阔。

桃园进行滴灌时，滴灌的次数和灌水量，因灌水时期和土壤水分状况而不同。在桃树的需水临界期进行滴灌时，春旱年份可隔天灌水，一般年份可5～7天灌1次水。每次灌溉时，都应使滴头下一定范围内的土壤水分达到田间最大持水量，而又无渗漏为最好。采收前的灌水量，以使土壤湿度保持在田间最大持水量的60%左右为宜。生草桃园，更适于进行滴灌或喷灌。

4. 灌水与防止裂果

（1）易裂果的品种　有些桃品种易发生裂果，如中华寿桃和21世纪；一些油桃品种也易发生裂果，如华光。

（2）水分与裂果的关系　桃果实裂果与品种有关，也与栽培技术有关，尤其与土壤水分状况更为密切。试验结果表明，在果实接近成熟期时，如果土壤水分含量发生骤变，则裂果率增高；如果土壤一直保持相对稳定的湿润状态，则裂果率较低，这说明桃果实裂果与土壤水分变化程度有较大关系。为避免果实裂果，要尽量使土壤保持稳定的含水量，避免前期干旱缺水、后期大水漫灌。

(3)防止裂果适宜的灌水方法　滴灌是最理想的灌溉方式，它可为易裂果品种的生长发育提供较稳定的土壤水分，有利于果肉细胞的平稳增大，减轻裂果。如果是漫灌，也应在整个生长期保持水分平衡，在果实发育的第二次膨大期适量灌水，保持土壤湿度相对稳定。

5. 南方桃树避雨栽培措施　南方桃树尤其是油桃树可以进行避雨栽培。

(1)避雨栽培的优点　①有利于桃树花期的授粉，提高产量。桃树开花季节南方正值低温阴雨，并伴有寒潮天气，严重影响桃树的正常生长、发育，甚至造成绝产。采用避雨栽培后，桃树可有效避免低温阴雨天气的影响。②防止油桃裂果。如果油桃成熟时正值雨季，则会引起油桃裂果。采用设施栽培后，可有效防止雨水的影响，避免裂果发生。③此法可使桃果实提前3～5天成熟。④病虫害发生较少。

当然，避雨栽培也存在果实品质下降、技术要求较高和成本高的缺点。

(2)避雨栽培技术

①避雨棚结构　大棚结构采用单栋或拱形钢管或竹木棚，水泥柱作立柱，镀锌钢管作拱架，棚宽5～6米、顶高3.5～3.8米，长度根据桃树面积确定。覆膜为聚氯乙烯无滴膜。

②管理技术　一是扣、揭棚时间。扣棚时间应在春节前后，揭棚时间应在果实全部采收后。二是保持棚内通风，避免温度过高。扣棚时，不宜将棚完全封闭。扣棚初期，封住大棚顶部及两端，两侧微露。始花后，可将两端薄膜也揭开，以利通风；随后，根据天气

变化，通过封闭或打开两端、两侧的棚膜来灵活调节棚内温度。全部封闭后，每天还应打开两端的门进行适时通风。三是重视修剪。油桃树势旺盛，在设施条件下栽培会受到空间限制，因此更需重视树体的控制。

6. 南方产区的排水措施 桃树怕涝，应及时排出桃园积水。在武汉地区，渍水是造成桃园死树和流胶病大量发生的主要原因。湖北省及长江流域每年6～7月份是梅雨期，要提前清沟排渍，降低园内湿度，提高根系透气性，以增强树势和树体抗病力，减少病害发生。

平地桃园宜设深沟高畦，开挖环园深沟。山地桃园宜设纵横排水系统。为了降低地下水位和及时排除雨水，果园要有总排水沟、腰沟和垄沟。总排水沟位于果园四周，要求宽0.8～1米，深1～1.2米；每50米挖腰沟，要求宽50厘米、深60厘米；每垄要有1条垄沟，宽40厘米、深30厘米，使畦沟内的水顺畅地流入总排水沟。总排水沟易积淤泥，应定期清除。

7. 北方桃产区的节水措施 北方尤其是西北地区，缺水严重，推广节水措施迫在眉睫。前面介绍了喷灌和滴灌，下面重点介绍塑料管道、调亏灌溉和根系分区灌溉。

（1）*塑料管道* 塑料管道有两种：一种是适用于地面输水的维塑管道，另一种是埋入地下的硬塑管道。地面管道输水有使用方便、铺设简单、随意搬动、不占耕地和用后易收藏等优点，最重要的是可避免沿途水量的蒸发渗漏和跑水。据实测，水的有效利用率为98%，比土渠输水节水30%～36%。地下管道输水灌溉，具有技术性能好、使用寿命长、节水、节地、节电、增产、增效和输水方便等优点。

（2）*调亏灌溉* 桃树调亏灌溉是指在桃树某一生长发育阶段，人为地施加一定程度的水分胁迫，改变植物的生理生化过程，调节光合产物在不同器官之间的分配，在不明显降低产量前提下，提高肥水利用效率、改善果实品质。

桃果实生长可分为3个阶段，第一阶段和第三阶段果实生长快，第二阶段生长较慢；而对应的枝条生长在第一阶段和第二阶段快，第三阶段基本停止生长。果树实施调亏灌溉的时期是在果实生长的第一阶段后期（约开花后4周）和第二阶段，可在此期间严格控制灌溉次数及灌水量，使植株承受一定程度的水分亏缺，控制其营养性生长；到果实快速生长的第三阶段，对植株恢复充分灌溉，使果实迅速膨大。

（3）根系分区灌溉　一种新型节水灌溉技术，是指仅对植株的部分根系灌水，其余根系受到人为的干旱控制；灌溉区根系吸水即可维持植株正常的生理活动，达到了节水目的。分区灌溉又可分为交替灌溉和固定灌溉。根系分区交替灌溉和固定灌溉比常规灌溉节水50％。

（三）不同区域桃树施肥特点及方法

1．不同区域的土壤理化和肥力特性　从表3-1中可以看出，不同地区土壤的理化和肥力特性不同。一般南方桃产区的有机质含量高于北方桃产区，而土壤pH值低于北方桃产区。有机质含量高，则土壤保沙、保肥力强，肥料利用率高。北方桃园应多采取措施增加土壤有机质含量。

表3-1　不同区域气候土壤特性比较

地　点	土壤类型	土壤pH值	有机质含量(％)
浙江嘉兴凤桥三星村(9户平均)	—	6.0	3.0
福建古田县城东街道旺村洋村	—	7.2	2.64
浙江省奉化市溪口镇上山村	洪积泥沙土	5.3	2.57
福建省三明市三元区回瑶(低洼地)	红壤土	5.4	3.47

续表 3-1

地　点	土壤类型	土壤 pH 值	有机质含量(%)
福建省建宁县南方果树示范场	沙壤土	5.1	1.6
福建古田县峦垅村	—	4.7	1.376
浙江慈溪市掌起镇古窖浦村	—	7.0	1.9
重庆市铜梁县虎峰镇小安溪河畔	紫色土	5.8	—
江苏省新沂市草桥镇	沙壤土	6.8～7.1	1.2
山东省淄博市胜达园艺场	壤　土	7.0	1.0
山东省费县果树研究所	黏壤土	6.8	0.65
河北省乐亭金土农业发展有限公司	湖　土	7.0	1.35
河北省深州市穆村乡	沙壤土	6.77	0.991
山东省文登市葛家镇西崔家口村	沙壤土	6.0	0.86
北京市平谷区辛庄镇熊儿营村	—	—	1.51
河北省滦县滦州镇良种场	—	6.7	0.9

2. 桃树对主要营养元素的需求特点

(1)桃树需钾素较多　桃树对钾素的吸收量是氮素的 1.6 倍，其中以果实的吸收量最大，其次是叶片。仅此两者的吸收量即占钾总吸收量的 91.4%。因此，满足钾素的需要是桃树丰产优质的关键。

(2)桃树需氮量较高，且反应敏感　桃树以叶片吸收量最大，占总氮量的近 50%。氮素的充足供应是保证丰产的基础。

(3)磷、钙的吸收量较高　磷、钙吸收量与氮吸收量的比值分别为 10∶4 和 10∶20。磷被叶片和果实吸收的多，钙在叶片中含量最高。须注意的是，在易缺钙的沙性土中更需补充钙。

(4)各器官对氮、磷、钾三要素的吸收量　各器官对氮、磷、钾三要素吸收量以氮为标准，其比值分别为，叶 10∶2.6∶13.7；果 10∶5.2∶24；根 10∶6.3∶5.4。对三要素的总吸收量的比值为 10∶3～4∶13～16。

3. 与桃树土肥水管理有关的根系特点

(1)根系分布特点

①根系较浅　大多分布在 20～50 厘米深度内，施肥应在此范围内进行。

②株间竞争和抑制　不同植株的根系表现为相互竞争和抑制。当根系相邻时，它们或改变方向，或向下延伸，避免相互接触。密植桃园的根系水平分布范围较小，而垂直分布较深。

③上下相对应　根系与地上部树冠有着相对应的关系，也就是地上部有大枝的地方，一般其对应下部有大根。地下部根系生长越发达，地上部就越旺盛。

④可塑性　桃树根系有可塑性。在不同的土壤和不同的环境中，桃树根系的分布深度和形态均有不同。

(2)根系生长特点　根系在一年中有 2 次生长高峰，分别为春季和秋季。

(3)根系吸收特点

①趋肥性　根系向有肥料的地方生长，肥料施到哪儿，根系就长到哪儿。

②代偿性　局部根系的优化可补偿植株整体的生长需求。这是局部施肥可满足整株生长的基础。

③需氧性　桃根系较浅，对氧气要求较高。土壤含氧量达 10%～15%时，地上部生长正常。这是要为根系创造一个疏松和多氧环境的原因。

4. 长期施用化肥对土壤质量的影响

(1)化肥的种类　常用的化肥可以分为氮肥、磷肥、钾肥、复合肥料和微量元素肥料等(表 3-2)。

表 3-2　主要化肥种类

种　类	类　型	肥料品种
氮　肥	铵　态	硫酸铵、碳酸氢铵、氯化铵
	硝　态	硝酸铵
	酰胺态	尿　素
磷　肥	水溶性	过磷酸钙、重过磷酸钙
	弱溶性	钙镁磷肥、钢渣磷肥、偏磷酸钙
	难溶性	磷矿粉
钾　肥		氯化钾、硫酸钾、窑灰钾肥
二元复合肥		磷酸一铵、磷酸二铵、硝酸钾、磷酸二氢钾
微量元素肥料		硼砂、硼酸、硫酸亚铁、硫酸锰、硫酸锌
缓释肥		合成缓释肥有机蛋白、合成缓释肥无机蛋白、包膜缓释肥

(2)化肥的特点

①养分含量高，成分单纯　化肥与有机肥相比，养分含量高。0.5 千克过磷酸钙中所含磷素相当于厩肥 30～40 千克。0.5 千克硫酸钾所含钾素相当于草木灰 5 千克左右。高效化肥含有更多的养分，并便于包装、运输、贮存和施用。化肥所含营养单纯，一般只有一种或少数几种营养元素，可以在桃树需要时再施用。

②肥效快而短　多数化肥易溶于水，施入土壤中能很快被作物吸收利用，能及时满足桃树对养分的需要。化肥肥效不如有机肥持久。缓释肥的释放速度比普通化肥稍慢一些，其肥效比普通化肥长 30 天以上。

③有酸碱反应　有化学和生理酸碱两种反应。化学酸碱反应是指溶解于水后的酸碱反应，过磷酸钙为酸性，碳酸氢铵为碱性，尿

素为中性。生理酸碱反应是指肥料经桃吸收以后产生的酸碱反应。

缓释肥与普通化肥相比，有以下优点：一是肥料用量减少，利用率提高。缓释肥淋溶挥发损失较少，肥料用量比常规施肥可减少10%～20%。二是施用方便，省工安全。可以与速效肥料配合作基肥一次性施用，施肥用工减少1/3左右，并且施用安全，可减少肥害的发生。三是增产增收，缓释肥施用后表现出肥效稳长，抗病、抗倒伏，增产5%以上等特点。

(3)长期施用化肥对土壤质量的影响

第一，破坏土壤结构，导致土壤酸化，并减少土壤中有益微生物的数量。硫酸铵、过磷酸钙和硫酸钾化肥中含有强酸，长期施用会使土壤不断酸化，直接或间接地危害桃树，还可杀死土壤中原有微生物，破坏微生物以各种形式参与的代谢循环。

第二，土壤养分比例失调。化肥的大量使用，影响了土壤中某些营养成分的有效性，减少了桃树生长发育和开花结果所需用的微量元素的吸收，从而出现营养失调。例如，有的果农为了调节土壤酸碱度，盲目往地里施石灰，使土壤pH值增大，结果导致锌、锰、硼和碘缺乏；氮、磷和钾施用越多，锌、硼的有效性越低。

第三，导致桃树徒长，树冠郁闭，易发生病害。

第四，果实着色差，含糖量降低，味淡，不耐贮藏。

第五，污染土壤和水。大量施用氮肥会增加地下水中硝酸盐的含量；大量施用磷肥会引起地下镉离子等重金属含量的升高。

5. 有机肥的种类与特点

(1)有机肥的种类　有机肥料是指含有较多有机质的肥料，主要包括粪尿类、堆沤肥类、秸秆肥类、绿肥、土杂肥类、饼肥、腐殖酸类、海藻肥类和沼气肥等。这类肥料主要是在农村中就地取材，就地积制，就地施用，又称农家肥。

(2)有机肥的特点

①所含养分全面　有机肥除含桃生长发育所必需的大量元素

和微量元素外，还含有丰富的有机质（表 3-3），是一种完全肥料，含有桃树生长发育所需的所有营养元素。畜禽粪便类中，以全氮、全磷、镁、铜、锌、钼和硫的含量较高；堆肥类中，以钙、铁、锰和硼的含量较高；秸秆类中，粗有机物和全钾的含量较高。

表 3-3　不同类型有机肥养分含量比较表

项　目	粗有机物（%）	全氮（克/千克）	全磷（克/千克）	全钾（毫克/千克）	钙（毫克/千克）	镁（毫克/千克）	铜（毫克/千克）	锌（毫克/千克）	铁（毫克/千克）	锰（毫克/千克）	硼（毫克/千克）	钼（毫克/千克）	硫（毫克/千克）
畜禽粪便类	62.85	2.38	0.71	1.32	1.98	0.71	38.65	155.78	4846.52	441.64	13.25	1.58	0.4
堆肥类	49.55	1.35	0.42	1.23	2.32	0.59	28.14	90.15	11049.1	592.12	15.17	0.82	0.26
秸　秆	85.76	1.32	0.16	1.56	1.1	0.33	12.63	33.21	612.5	184.83	14.97	0.64	0.16
平　均	66.05	1.68	0.43	1.37	1.8	0.54	26.47	93.05	5502.71	406.2	14.43	1.01	0.27

②肥效缓慢而持久　营养元素多呈复杂的有机形态，必须经过微生物的分解，才能将有机形态转变为无机形态，被作物吸收和利用。肥料的分解需要一定时间，是一种迟效性肥料。

③有机质和腐殖质对改善土壤理化性状有重要作用　除直接提供给土壤大量养分外，有机质还可以促进土壤微生物活动、活化土壤养分和改善土壤理化性质。

④养分浓度相对较低，施肥量大　与化肥相比，养分浓度相对较低。一般 15～20 千克人粪尿所含氮素相当于 0.5 千克硫酸铵的含硫量。一般采用挖沟施肥，需要较多的劳力和运输力，施肥成本较高，因此在积制时要注意尽量提高其质量。

6. 有机肥对桃树生长发育的作用

(1)促进根系生长发育　在微生物的作用下，土壤中的有机质促进土壤团粒结构的形成，改善土壤结构，土壤通气性变好，为根系生长发育创造了良好的条件。

(2)促进枝条健壮和均衡生长，减少缺素症发生　由于有机肥肥效较慢，而且在一年中不断地释放，时间较长，营养全面，使地上部枝条生长速度适中，生长均衡，花芽分化好，花芽质量高。有机肥中各种元素比例协调，施用后的果树不易发生缺素症。

(3)提高果实质量　根系和地上部枝条生长的相互促进，对果实生长发育具有很好的促进作用，表现为果实个大，着色美丽，风味品质佳，香味浓，果实硬度大，耐贮运性强等特点。

(4)提高桃树抗性　有机肥可促进根系生长发育和叶片功能，增加树体储藏营养，从而提高桃树抗旱性、抗寒性及抗病性。

7. 土壤施肥技术和施肥量

桃树是一个需钾量较多的树种，因此在施肥时应多施钾肥。近几年，我国各地特别是华北地区的部分桃园土壤 pH 值过高，使果树易发生缺铁黄叶病，所以这些地区要尤其注意改善土壤环境，增施有效铁。

(1)基　肥

①施用时期　基肥可以秋施、冬施或春施，果实采收后应尽早施入，一般在 9 月份进行。秋季没有施基肥的桃园，可在春季土壤解冻后补施。秋施应在早、中熟品种采收之后，晚熟品种采收之前进行，宜早不宜迟。秋施基肥的时间还应根据肥料种类而异，较难分解的肥料要适当早施，较易分解的肥料则应晚施。在土壤比较肥沃和树势偏于徒长型的植株或地块，尤其是生长容易偏旺的初结果幼龄树，为了缓和新梢生长，往往不施基肥，而是待其坐果稳定后通过施追肥调整。

秋施比冬施和春施具有如下优点：增加桃树体内的储藏养分、加速翌年叶幕形成、促进大果实形成、伤根易愈合并促发新根、避免土壤干旱、利于肥料分解，并在适宜时间内发挥肥效、改善土壤结构、减少桃树虫害。

②施肥量　基肥一般占施肥总量的 50%～80%，施入量为 4 000～5 000 千克/667 米^2。

③施肥种类　以腐熟的农家肥为主，适量加入速效化肥和微量元素肥料（如过磷酸钙、硼砂、硫酸亚铁、硫酸锌、硫酸锰等）。北方多施鸡粪等，南方多施饼肥。

④施肥方法　桃根系较浅，大多分布在 20～50 厘米的土壤层内，因此施肥深度宜在 30～50 厘米处。施肥过浅，易导致根系分布也浅，而地表温度和湿度的变化会对根系生长和吸收不利。施肥方法一般有环状沟施、放射状沟施、条状沟施（图 3-1）和全园普施等。环状沟施即在树冠外围，开一环绕树的沟，沟深 30～40 厘米、宽 30～40 厘米，将有机肥与土的混合物均匀施入沟内，填土覆平。放射状沟施即自树干旁向树冠外围开几条放射沟施肥。条状沟施是在树的东西或南北两侧，开条状沟施肥，但需每年变换位置，以使肥力均衡。全园普施，施肥量大且均匀，施后翻耕，一般应深翻 30 厘米。

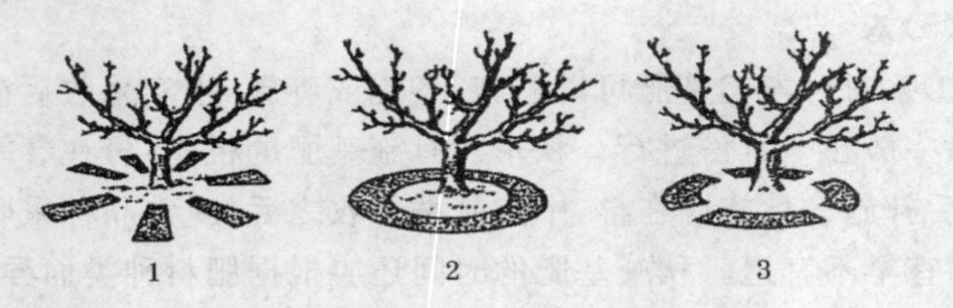

图 3-1　桃树基肥施肥方法

1. 放射状沟施　2. 环状施肥　3. 条状沟施

⑤施基肥的注意事项　一是有机肥必须尽早准备，施用的肥料要完全腐熟；二是在施基肥挖坑时，注意不要伤大根，否则影响根系吸收面积；三是有机肥应与难溶性化肥及微量元素肥料等混合施用；四是在基肥中可加入适量硼、硫酸亚铁、过磷酸钙等，与有机肥混匀后一并施入；五是要不断变换施肥部位和施肥方法；六是

施肥深度要合适，不要地面撒施和压土式施肥。如肥料充足，一次不要施太多，可以分次施入。

（2）土壤追肥　追肥是在生长期施用肥料，以满足不同生长发育过程对某些营养成分的特殊需要。根部追肥就是将速效性肥料施于根系附近，使养分通过根系运输到植株的各个部位，尤其是生长中心。

①追肥时期　追肥时期主要有萌芽前、果实硬核期和果实膨大期。桃树生长前期以氮肥为主，生长中后期以磷、钾肥为主；钾肥应以硫酸钾为主。施肥时期及种类参见表 3-4。注意每次施肥后必须进行浇水。对于以上 4 次施肥，不一定每年都施，而是要根据品种特点、有机肥施用量和产量等综合考虑在哪个时期施哪种肥料。

表 3-4　桃树土壤追肥的时期、肥料种类

次别	物候期	时　期	作　用	肥料种类
1	萌芽前后	3 月上中旬	补充上年树体储藏营养的不足，促进根系和新梢生长，提高坐果率	以氮肥为主，秋施基肥没施磷肥时，加入磷肥
2	硬核期	5 月下旬至 6 月上旬	促进果核和种胚发育、果实生长和花芽分化	氮、磷、钾肥配合施，以磷、钾肥为主
3	催果肥	成熟前 20～30 天	促进果实膨大，提高果实品质和花芽分化质量	以钾肥为主
4	采后肥	果实采收后	恢复树势，使枝芽充实、饱满，增加树体储藏营养，提高抗寒性	以氮肥为主，配以少量磷、钾肥。只对结果量大、树势弱的施肥；不对树势中庸及旺长树施

②追肥方法　采用穴施，在树冠投影下方、距树干 80 厘米之外，均匀挖小穴，穴间距为 30～40 厘米(图 3-2)，施肥深度为 10～15 厘米。施后盖土、浇水。

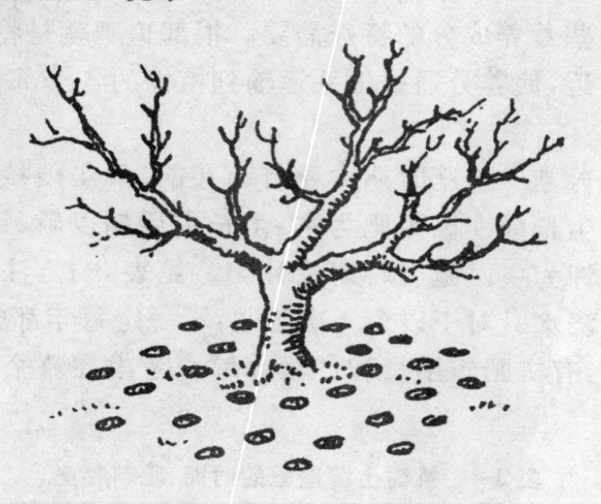

图 3-2　桃树穴状施肥

③追肥应注意的问题　不要地面撒施，以提高肥效和肥料利用率。尿素不宜施后马上浇水，因为尿素属酰胺态氮肥，它要转化成铵态氮才能被作物根系吸收利用，转化过程因土质、水分和温度等条件不同，一般经过 2～10 天才能完成；若施后马上浇水或旱地在大雨前施用，尿素就会溶解在水中而流失。一般夏、秋季节应在施后 2～3 天才能浇水，冬春季节应在施后 7～8 天后浇水。

(3)叶面喷肥

①肥料种类　适于根外追肥的肥料种类很多，一般情况下有如下几类。

第一，普通化肥。氮肥主要有尿素、硝酸铵和硫酸铵等，其中以尿素应用最广，效果最好。磷肥有磷酸铵、磷酸二氢钾和过磷酸钙，桃对磷的需要量比氮和钾少，但将其直接施入土壤中，效果则会大大降低，为此磷肥更适宜进行根外追肥。钾肥如磷酸二氢钾、硫酸钾和氯化钾均可应用，其中磷酸二氢钾应用最广泛，效果也最好。

第二，微量元素肥料。有硼砂、硼酸、硫酸亚铁、硫酸锰和硫酸锌等。

第三，农家肥料。家禽类、人粪尿、饼肥、草木灰等经过腐熟或浸泡、稀释后再行喷布。这类肥料在农村来源广，同时含有多种元素，使用安全，效果良好，值得推广。

②适宜浓度　各种常用肥料的使用浓度如表 3-5。

表 3-5　桃根外追肥常用肥料的浓度

肥料种类	喷施浓度(%)	肥料种类	喷施浓度(%)
尿　素	0.1～0.3	硫酸锰	0.05
硫酸铵	0.3	硫酸镁	0.05～0.1
过磷酸钙	1～3	磷酸铵	1
硫酸钾	0.05	磷酸二氢钾	0.2～0.3
硫酸锌	0.3～0.5 (加同浓度石灰)	硼酸、硼砂	0.2～0.4
草木灰	2～3	鸡　粪	2～3
硫酸亚铁	0.1～0.3 (加同浓度石灰)	人粪尿	2～3

(4)灌溉施肥　灌溉施肥是将肥料通过灌溉系统(灌溉罐、微量灌溉、滴灌)进行果园施肥的一种方法。灌溉施肥有如下 4 个优点：一是肥料元素呈溶解状态，施于地表能更快地被根系所吸收利用，提高肥料利用率。二是灌溉时期灵活性强，可根据桃树的需要而安排。三是在土壤中养分分布均匀，既不会伤根，又不会影响耕作层土壤结构。四是能节省施肥的费用和劳力。灌溉施肥尤其对树冠交替的成年果园和密植果园更为适用。

灌溉施肥应注意以下问题:一是喷头或滴灌头嘴易堵塞,所以必须施用可溶性肥料。二是两种以上的肥料混合施用时,必须注意两者是否发生化学作用而生成不溶性化合物,如硝酸镁与磷、氮肥混用会生成不溶性的磷酸铵镁。三是灌溉施肥用水的酸碱度以中性为宜,如碱性强的水能与磷反应生成不溶性的磷酸钙,严重影响施肥效果。

8. 不同土壤施肥特点

(1)旱地桃树　为提高桃树抗旱性,应将旱地桃树根系引向深层土壤。旱地桃树施肥应以增施和深施有机肥为主。可选择圈肥、堆肥、畜肥和土杂肥等,并以化肥作为补充肥料。

①基肥　施基肥要改秋施为雨季前施用。旱地桃树施基肥不宜在秋季进行,一是因为秋施基肥无大雨,肥效长期不能发挥,多数年份必须等到翌年雨季大雨过后才逐渐发挥肥效。二是因为秋季开沟施基肥等于晾墒,土壤水分损失严重。三是因为施肥沟周围的土壤溶液浓度大幅度升高,周围分布的根系有明显的烧伤现象,严重影响桃树根系的吸收和树体的生长。改秋季施肥为雨季施肥,即使开沟施肥会损失部分水分,也会很快遇到雨水,土壤水分得到补充,不会使根系烧伤。雨季温度高,水分足,施入的肥料、秸秆、杂草会很快腐熟分解,更利于桃树根系吸收。盛果期施肥量为优质有机肥 5 000～6 000 千克/667 米^2。

②秸秆杂草覆盖　每年覆盖一次秸秆杂草覆盖物,近地面处每年会腐烂一层,腐烂的秸秆杂草便是优质有机肥料,会随雨水渗入土壤中。所以,连年秸秆杂草覆盖的果园,土壤肥力、有机质含量、土壤结构及其理化性均得到改善,减少了施用基肥的大量人工和肥料的投入。

③根部追肥　旱地桃追肥要看天追肥或冒雨追肥,以速效肥为主,前期可适当追施氮肥,如人粪尿、尿素等;后期则以追施磷、钾肥为主,如过磷酸钙、骨粉、草木灰等。追施方法为植株树冠下

投影处，距树干 50 厘米以外沟施或穴施，施后覆土。施肥量不宜过大。

④穴贮肥水　早春在整好的树盘中，自树冠投影外缘向里 0.5 米以内挖深 50 厘米、直径 30 厘米的小穴，穴数依树体大小而定，一般 2～5 个，将玉米秸、麦秸等捆成长 40 厘米、粗 25 厘米左右的草把，并将草把放入人粪尿或 0.5%尿素液中浸泡后，再放入穴中，然后肥土掺匀回填，或每穴追加 100 克尿素和 100 克过磷酸钙或复合肥，浇水覆膜。埋入草把后的穴要略低于树盘。此后每 1～2 年可变换一次穴位。

(2)南方酸性土壤桃树　南方土壤多为酸性，pH 值在 5～6.5 之间。酸性土壤风化作用和淋溶作用较强，有机质分解速度较快，保肥供肥能力弱。有的土质黏重，结构不良，物理性能较差。施肥时应做到以下几点。

①增施有机肥　大量施用有机肥料，最好结合覆草或间作绿肥作物，增加土壤有机质，培肥地力。

②施用磷肥和石灰　钙镁磷肥是微碱性肥料，不溶于水而溶于弱酸。因此，把钙镁磷肥施在酸性土壤上，既有利于提高磷肥的有效性，又具有培肥地力的作用。在酸性较强的土壤上，施用磷矿粉效果也很显著。园地施用石灰可以中和土壤酸度、促进有益微生物活动、促进养分转化、提高土壤养分有效性，尤其是磷、速效钾的有效性。

③重视氮、钾肥的施用　酸性土壤的高度淋溶和矿化作用，使土壤氮和钾养分贫乏，加上这些矿质元素容易流失，所以果园必须增施氮、钾肥，并注意少量多次施肥，以减少养分流失。

④尽量避免施用生理酸性肥料　生理酸性肥料会进一步加剧土壤的酸化程度。硫酸铵、氯化铵和氯化钾等肥料对土壤酸化作用较强，应尽量避免施用，或不连续多次使用。

(3)盐碱地桃树

①浇水压碱　在桃树萌芽前、花后和结冻前浇水，可进行3～4次大水洗碱；在其生长季节可依干旱情况而定，但要尽量减少浇水次数。

②增施有机肥　每667米^{2}施4000～5000千克有机肥，撒施或浅沟施于树盘表层内，施后翻土15～25厘米厚、浇水。

③尽量施用生理酸性肥料　如硫酸铵、氯化铵和氯化钾等，可有效酸化土壤，在浇水条件较好的地区，一般也不易造成氯中毒。

④磷肥用磷酸二铵或过磷酸钙　碱性土壤施用磷酸二铵和过磷酸钙效果更好。对微量元素缺乏症，可将相应无机肥料与有机肥料一起腐熟，增加微肥的有效性。生长季节出现的缺素症，可以喷施有机螯合叶面肥。

(4)沙质土壤桃树

①多施有机肥　施用化肥尽可能做到少量多次。一次施肥量不能过大(尤其是氮肥)，以免引起肥害，或造成养分流失。

②氮、磷、钾合理施用　此三要素在基肥中占全年施用量的30%～50%，其余用量，在不同生育期均匀施用。

③微肥要与有机肥一起施用　沙质土壤种植桃树易造成硼、锌和镁等元素的缺素症，单独施用这些元素也易造成养分流失，或造成局部中毒，而与有机肥一起施用则不会出现异常。

(5)黏性土壤桃树

①果园生草或种植绿肥　黏质土壤相对而肥沃，通过生草或种植绿肥，可以增加土壤有机质，改善土壤结构，提高土壤养分利用率。生草还可提高早春地温，降低夏季高温，减少水土流失，有利于桃树的生长发育。

②施菌肥　主要是通过有益微生物的生命活动，释放出土壤胶体所固定的各种养分，提高土壤养分利用率。

③重视基肥　黏质土壤栽植桃树，往往春季发芽晚，秋季生长

旺盛。秋季早施基肥，有利秋季贮藏养分的增加。在增施有机肥的基础上，氮、磷、钾三要素的施用量可占桃整个生育期的50%～70%。

9. 桃树缺素症及其防治

(1)缺氮症

①症状 土壤缺氮会使全株叶片形成坏死斑。缺氮时，桃树枝条细弱，短而硬，皮部呈棕色或紫红色。缺氮的植株，果实早熟，着色好，离核，但桃的果肉风味淡，纤维多。

②发生规律 缺氮初期，新梢基部叶片逐渐变成黄绿色，枝梢随即停长。继续缺氮时，新梢上的叶片由下而上全部变黄；叶柄和叶脉则变红。因为氮素可以从老熟组织转移到幼嫩组织中，所以成熟枝条上缺氮症表现得比较早且明显，幼嫩枝条表现较晚而轻。严重缺氮时，叶脉之间的叶肉出现红色或红褐色斑点。到后期，许多斑点发展成为坏死斑，这是缺氮的典型特征。土壤瘠薄、管理粗放和杂草丛生的桃园易表现缺氮症。在沙质土壤上的幼龄树，或新梢速长期遇大雨，几天内即会表现出缺氮症。

南北方特点：北方沙质土壤较多，比南方桃树更易于缺氮。

③防治方法 应在施足有机肥的基础上，适时追施氮肥。一是增施有机肥。早春或晚秋(最好是在晚秋)，按1千克桃果、1～2千克有机肥的比例开沟施有机肥。二是根部和叶部追施化肥。追施氮肥，如硫酸铵和尿素等。在雨季和秋梢迅速生长期，树体需要大量氮素，而此时土壤中氮素易流失。除土施外，还可用0.1%～0.3%尿素溶液喷布叶片。

(2)缺磷症

①症状 缺磷较重的桃园，新生叶片小，叶柄及叶背的叶脉劣呈紫红色，之后呈青铜色或褐色，叶片与枝条呈直角。

②发生规律 由于磷可从老熟组织转移到新生组织中被重新利用，因此老叶片首先表现缺素症状。缺磷初期，叶片较正常，或

是变为浓绿色或暗绿色，似氮肥过多；叶肉革质，扁平且窄小。缺磷严重时，老叶片往往形成黄绿色或深绿色相间的花叶，叶片很快脱落，枝条纤细；新梢节短，甚至呈轮生叶，细根发育受阻，植株矮化。土壤碱性较大时，不易出现缺磷现象，幼龄树缺磷受害最显著。

南北方特点：南方比北方桃园更易于出现缺磷症状。

③防治方法　一是增施有机肥料。秋季施入腐熟的有机肥，施入量为桃果产量的 2～3 倍。二是施用化肥。施用过磷酸钙、磷酸二铵或磷酸二氢钾。将过磷酸钙和磷酸二氢钾混入有机肥中一并施用，效果更好。但磷肥施用过多时，可引起缺铜、锌现象。轻度缺磷的桃园，可在生长季喷 0.1%～0.3%磷酸二氢钾溶液 2～3 遍，症状可得到缓解。

(3)缺钾症

①症状　缺钾症状的主要特征是叶片卷曲并皱缩，有时呈镰刀状。晚夏以后叶片变浅绿色。严重缺钾时，老叶主脉附近皱缩，叶缘或近叶缘处出现坏死，形成不规则边缘和穿孔。

②发生规律　缺钾初期，表现枝条中部叶片皱缩。继续缺钾时，叶片皱缩更明显，扩展也快。此时若遇干旱，叶片易发生卷曲现象，以至全树萎蔫。缺钾而卷曲的叶片背面，常变成紫红色或淡红色。新梢细短，易发生生理落果现象，或果个小、花芽少甚至无花芽。

在细沙土、酸性土和有机质少的土壤上易出现缺钾症，在施用钙和镁较多的土壤上，也易表现缺钾症。在沙质土中施石灰过多，会降低钾的有效性。在轻度缺钾的土壤中施用氮肥时，虽能刺激桃树生长，却更易表现缺钾症。桃树缺钾时容易遭受冻害或旱害，钾肥过多则会引起缺硼。

南北方特点：南方酸性土壤比北方土壤更容易出现缺钾症状。

③防治方法　桃树缺钾，应在增施有机肥的基础上注意补施

一定量的钾肥，避免偏施氮肥。生长季喷施0.2%磷酸二氢钾、硫酸钾或硝酸钾2～3次，可明显防治缺钾症状。

（4）缺铁症

①症状 桃树缺铁主要表现为叶脉保持绿色，而叶脉间褪绿。严重时整个叶片全部黄化，最后白化，导致幼叶和嫩梢枯死。

②发生规律 铁元素在植物体内不易移动，所以缺铁症从幼嫩叶上开始。缺铁时叶肉先变黄，而叶脉保持绿色，叶面呈网纹失绿状。随着缺铁加重，整个叶片变白，失绿部分出现锈褐色枯斑或叶缘焦枯，落叶，最后新梢顶端枯死。一般树冠外围、上部的新梢顶端叶片发病较重，往下的老叶病情依次减轻。

在盐碱或钙质土中，桃树缺铁较为常见。在桃树缺铁症易发生的地区，又以植株迅速生长的季节较为严重。但在一些低洼地区，由于盐分上泛或长期土壤含水量较多，使土壤通气性差，根系的吸收能力降低，常引起桃树缺铁症。pH值过大时，也会导致叶片黄化。

南北方特点：南方土壤，如上海、江苏和浙江等地大多为酸性土壤，一般不易发生缺铁症状。西南地区的四川龙泉驿山区部分桃园土壤pH值较高，易发生叶片黄化现象。河北省中南部部分地区土壤pH值较高，发生缺铁黄化的桃园较多。

③防治方法 一是增施有机肥或酸性肥料等，降低土壤pH值，促进桃树对铁元素的吸收利用。二是缺铁较重的桃园，可以施用可溶性铁，如硫酸亚铁、螯合铁和柠檬酸铁等。在发病桃树周围挖8～10个小穴，穴深20～30厘米，穴内施2%硫酸亚铁溶液，每株施用6～7克。喷1 000～1 500毫克/千克硝基黄腐酸铁，每隔7～10天1次，连喷3次。三是适时适量浇水，合理负载。四是当黄化株较严重，不易逆转时，可以考虑重新栽树。

（5）缺锌症

①症状 桃树缺锌症主要表现为小叶，所以又称“小叶病”。

缺锌时，桃树新梢节间短，顶端叶片挤在一起呈簇状，有时也称“丛簇病”。

②发生规律　桃树缺锌症以早春症状最明显，主要表现于新梢及叶片，而以树冠外围的顶梢表现最为严重。一般病枝发芽晚，叶片狭小细长，叶缘略向上卷，质硬而脆，叶脉间呈现不规则的黄色或褪绿部位，这些褪绿部位逐渐融合成黄色伸长带，在叶缘形成连续的褪绿边缘。

缺锌与下列因素有关：一是沙土果园土壤瘠薄，锌的含量低。二是透水性好的土壤，浇水过多而造成可溶性锌盐流失。三是氮肥施用量过多造成锌需求量增加。四是盐碱地锌易被固定，不能被根系吸收。五是土壤黏重，活土层浅，根系发育不良者易缺锌。六是重茬果园或苗圃地更易患缺锌症。

南北方特点：南方土壤黏重的桃园，易发生缺锌症；北方盐碱地严重者，也易发生缺锌症。

③防治方法　一是土壤施锌。结合秋施有机肥，每株成年树加施 0.3～0.5 千克硫酸锌，翌年见效，持效期长达 3～5 年。二是树体喷锌。发芽前喷 3%～5%硫酸锌溶液，或发芽初喷 0.1%硫酸锌溶液，花后 3 周喷 0.2%硫酸锌加 0.3%尿素溶液，可明显减轻症状。

(6)缺硼症

①症状　桃树缺硼可使新梢在生长过程中发生“顶枯”，也就是新梢从上往下枯死。在枯死部位的下方，会长出侧梢，使大枝呈现丛枝状。在果实上表现为发病初期，果皮细胞增厚、木栓化，果面凹凸不平，之后果肉细胞变褐、木栓化。

②发生规律　由于硼在树体组织中不能贮存，也不能从老组织转移到新生组织中去，因此在桃树生长过程中，任何时期缺硼都会导致发病。除土壤中缺硼引起桃缺硼症外，其他因素还有：一是土层薄，缺乏腐殖质和植被保护，雨水冲刷后硼易流失。二是土壤

偏碱或石灰过多，硼被固定，易发生缺硼。三是土壤过分干燥，硼不易被吸收利用。

南北方特点：北方土壤偏碱性，易发生干旱，比南方土壤更易发生缺硼症。

③防治方法 一是土壤补硼。秋季或早春，结合施有机肥加入硼砂或硼酸。可根据树体大小确定施肥量，树体大者，多施；反之，少施，一般为100～250克。一般每隔3～5年施1次。二是树上喷硼。在强盐碱性土壤里硼易被固定，采用喷施效果更好，树体可在发芽前喷施1%～2%硼砂溶液，或分别在花前、花期和花后各喷1次0.2%～0.3%硼砂溶液。

(7)缺钙症

①症状 桃树对缺钙最敏感。主要表现在顶梢上的幼叶从叶尖端或中脉处坏死，严重缺钙时，枝条尖端以及嫩叶似火烧般坏死，并迅速向下部枝条发展。

②发生规律 钙在较老的组织中含量特别多，缺钙时首先是根系生长受抑制，根尖从前向后枯死。春季或生长季表现叶片或枝条坏死，有时表现为许多枝异常粗短，顶端深棕绿色，花芽形成早，茎上皮孔胀大，叶片纵卷。

③防治方法 一是提高土壤中钙的有效性，增施有机肥料。酸性土壤可施用适量的石灰，中和土壤酸性，提高土壤中有效钙的含量。二是土壤施钙。秋施基肥时，每株施500～1 000克石膏(硝酸钙或氧化钙)，与有机肥混匀，一并施入土壤中。三是叶面喷施。在沙质土壤上，叶面喷施0.5%硝酸钙溶液，重病树一般喷3～4次即可。

(8)缺锰症

①症状 桃树对缺锰表现敏感，缺锰时嫩叶和叶片长到一定大小后呈现特殊的侧脉间褪绿。严重时，叶片脉间有坏死斑；早期落叶，整个树体叶片稀少；果实品质差，有时出现裂皮。

②发生规律　土壤中的锰以各种形态存在，当腐殖质含量较高时，锰呈可吸收态；土壤为碱性时，则锰呈不溶解状态；土壤为酸性时，锰含量常过多，而造成果树中毒。春季干旱，桃树易发生缺锰症。树体内锰与铁相互影响，缺锰时会易引起铁过多症；反之，易发生缺铁症。因此，树体内铁和锰比例应保持在一定范围内。

南北方特点：南方酸性土壤中锰离子易呈溶解状态，一般不易发生缺锰症；相反，北方土壤 pH 值较大，易发生缺锰症。

③防治方法　一是增施有机肥，增加土壤有机质含量，提高锰的有效性。二是调节土壤 pH 值。在强酸性土壤中，应避免施用生理酸性肥料，并控制氮、磷的施用量；碱性土壤中可施用生理酸性肥料。三是土壤施锰。将适量硫酸锰与有机肥料混合施用。四是叶面喷施锰肥。早春可喷硫酸锰 400 倍液。

(9)缺镁症

①症状　缺镁时，初期症状出现叶片褪绿，颇似缺铁症，严重时引起树体落叶，从下向上发展，最后只有少数幼叶仍然附着于梢尖。当叶脉之间绿色消退后，叶组织外观像一张灰色的纸，黄褐色斑点增大至叶缘。

②发生规律　酸性土壤或沙质土壤中的镁易流失，在强碱性土壤中镁也会变成不可吸收态。当施钾或磷过多时，常会引起缺镁症。

南北方特点：南方酸性土壤和北方强碱性土壤均可发生缺镁症。

③防治方法　一是增施有机肥，提高土壤中镁的有效性。二是土壤施镁。在酸性土壤中，可施镁石灰或碳酸镁，中和土壤酸度；中性土壤可施用硫酸镁，或每年结合施有机肥时，混入适量硫酸镁。三是叶面喷施。一般在 6～7 月份喷 0.2%～0.3%硫酸镁溶液，效果较好。但叶面喷施前最好先做单株试验后再普遍喷施。

三、桃树整形修剪

（一）整形修剪的原则和依据

1. 整形修剪的原则

（1）因树修剪，随枝做形　把桃树整成合理的树体形状，有利于实现高产。但是每株树上枝条的位置、角度和数量各不相同，比如三主枝在主干上的位置不同，不同主枝上的侧枝在主枝上的着生位置也不完全一样，这就需要因树修剪，根据具体情况灵活掌握。

（2）冬、夏修剪结合，以夏季修剪为主　桃树早熟芽易发生副梢，如不及时修剪，会导致树冠内枝量过大、郁闭。因此，除了进行冬季修剪外，还应重视在生长期进行的多次修剪，以便及时剪除过密和旺长枝条。

（3）主从分明，树势均衡　保持主枝延长枝的生长优势，主枝的角度要比侧枝小，生长势要比侧枝强。如果骨干枝之间长势不平衡，就不能充分利用空间而致桃产量低，所以修剪时要采取多种手段，抑强扶弱，以达到各骨干枝均衡生长的目的。

（4）密株不密枝，枝枝见光　虽然桃树可以密植，但单位土地面积的枝量应保持合理，保证枝枝见光，只有这样才能保证有健壮的结果枝。骨干枝是结果枝的载体，骨干枝过多，必然导致适宜结果枝少、产量低。因此，在较密植的桃园中，要适当减少骨干枝的数量。

2. 整形修剪的依据

（1）品种特性　桃树品种不同，其萌芽力、发枝力、分枝角度、成花难易、坐果率高低等生长结果习性也各不相同，要依据不同品种类型特点进行整形修剪。对于树姿开张、生长势弱的品种，整形修剪应注意抬高主枝的角度；树姿直立、长势强的品种，则应注意开张角度，缓和树势。

(2)树龄和生长势　桃树不同的年龄期，生长和结果的表现不同，对整形修剪的要求也不同。幼龄树期和初结果期树体生长旺盛，为缓和生长势，修剪量宜轻，可以长放。盛果期修剪的主要任务是保持树势健壮生长，以延长盛果期的年限。盛果期后期生长势变弱，应缩小主枝开张角度，并多短截和回缩，以增强枝条的生长势。

(3)修剪反应　不同的桃树品种，其主要结果枝类型和长度不同，枝条剪截后的修剪反应也不相同。以长果枝结果为主的品种，其枝条生长势强，对其短截后，仍能萌发具有结果能力的枝条。以中、短果枝结果为主的品种，则需轻剪长放，以便培养中、短果枝，日后才能多结果。

(4)栽培方式　露地栽培的中密度和较稀植的桃树，生长空间较大，应采用三主枝开心形，使树冠向四周伸展。对于密植栽培或设施栽培的桃树，由于空间有限，宜采用二主枝开心形、纺锤形或主干形。

(5)肥水条件　对于土壤肥沃、水分充足的桃园，宜以轻剪为主；反之，则应适度重剪。

(6)气候条件　气候条件不同，温度、光照和降水量等也不同，对桃树的生长结果的影响也不同，适宜的树形、修剪次数、修剪量等也有所不同。

(二)与桃树整形修剪有关的生物学特性

1. 喜光性强　桃原产于我国西北海拔高、光照强、雨量少的干旱地区，在这种自然条件影响下，形成了喜光和对光照敏感的特性，其枝条、叶片和果实对光照均较敏感。光照不足，桃树枝条会枯死，尤其是内膛枝条；叶片变小、变薄、变黄；花芽质量差，果实变小、着色差、品质劣。所以,栽植密度和树体枝量不宜太大。

2. 干性弱 自然生长的桃树,中心枝生长势弱,几年后甚至消失;外围枝叶密集,内膛枝迅速枯死,结果部位外移,产量下降。这是树体多采用开心形的生物学基础。

3. 生长快,结果早 桃萌芽率高,成枝力强;新梢1年可抽生2~4次副梢,年生长量大,树冠形成快。这是桃树早果丰产的基础。

4. 花芽形成容易,花量大,不易形成大小年 桃树各种类型果枝均可形成花芽,包括徒长性果枝。桃树不易形成大小年,但是如果结果过多,树势易衰弱。

5. 不同品种有适宜的结果枝 桃树各种果枝均可结果,水平枝或斜生枝条上坐果较好。有的品种尤其在较细的健壮果枝上,更易长成大果。

6. 桃树的花器特点 桃树的花有两种,一种是花中有花粉,另一种是花中无花粉。有花粉的品种坐果率高,无花粉的品种需要配置授粉品种并进行人工授粉,否则坐果率低。这也是无花粉的品种留枝量要大(中、短果枝多留)的原因。

7. 剪锯口不易愈合 修剪必然造成伤口,剪锯口对附近枝条的生长有一定的影响。桃树修剪造成的大剪锯口不易愈合,剪锯口的木质部很快干枯,并干死到深处。因此,修剪时要力求伤口小而平滑,及时剪锯口涂保护剂,以利尽快愈合。常用的保护剂有铅油、油漆、接蜡等。

(三)桃树的树体结构

地上部分可分为两大部分,即主干和树冠。主干是指根颈(地表以上)到第一主枝分枝处之间的树干。主干的选留长短由所选品种、树形和株行距而定,一般定干高度为60~80厘米,主干高度为40~50厘米。树冠由骨干枝、辅养枝和结果枝组构成。

1. 骨干枝 骨干枝包括主枝和侧枝。

(1)主枝 主枝的数目因不同树形而不等。纺锤形和主干形没有主枝,直接着生结果枝组或结果枝。

(2)侧枝 在主枝上选角度、方向合适的枝条培养成侧枝,侧枝的数目因树形而异。一般三主枝和株距较大的二主枝上有侧枝,树体越大,侧枝越多。株距小的二主枝开心形上只生长着结果枝组或结果枝。侧枝或结果枝组的角度要大于主枝,生长势要弱于主枝,以便树体结构形成层次。侧枝是结果枝组的载体。

2. 辅养枝 实际上是临时性结果枝组,其作用是辅助主枝、侧枝乃至整个树体的生长。在幼龄树整形期间,枝量大时幼龄树生长快,所以除主枝和侧枝之外,可保留几个辅养枝,以增加幼龄树营养面积,加速树冠的扩大。但辅养枝不能过旺,如果辅养枝的生长影响主枝的生长,就要逐渐回缩辅养枝,随着主枝和侧枝逐年长大,辅养枝比例逐年缩小,3 年之内辅养枝被全部疏除。不宜留大的辅养枝。

3. 结果枝组 结果枝组是树冠中最主要的部分,它着生在主、侧枝上面,是由徒长性果枝和较粗壮的长果枝培养而成,有大、中、小之分,大、中和小型结果枝组分别约长 80 厘米、60 厘米和 40～50 厘米。结果枝组上面会着生各种结果枝,结果枝组有一定的位置、角度和方向,生长势与主枝、侧枝应保持一定的从属关系。结果枝组本身有带头枝,其上面的结果枝与带头枝形成从属关系。

(四)修剪的主要方法及效应

按修剪时期,可将修剪分为冬季修剪和夏季修剪。

1. 冬季修剪的主要方法及效应 冬季修剪一般在落叶后到萌芽前进行。主要有短截、疏枝、回缩和长放 4 种方法。

(1)短截 就是把 1 年生枝条剪短(图 3-3)。

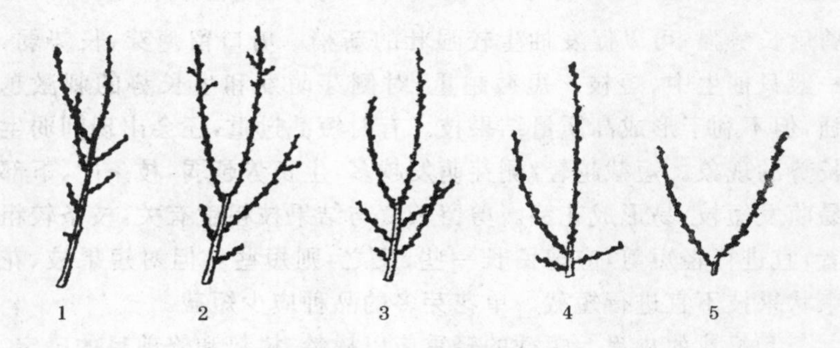

图 3-3 1 年生枝短截反应

1. 剪去 1/2 2. 剪去 2/3 3. 剪去 3/4～4/5
4. 剪去 4/5 以上 5. 留基部 2 叶芽剪

①短截目的 集中养分去抽生新梢和坐果，增加分枝数目，以保证树势健壮和正常结果。

②短截对象 常用于骨干枝延长枝修剪、培养结果枝组和结果枝修剪等。

③短截类型 按短截的长度又可分为 5 种。

第一，中短截。在 1 年生枝的中部短截，剪后萌发的顶端枝条长势强，下部枝条长势弱。

第二，重短截。截去 1 年生枝的 2/3。剪后萌发枝条较强壮，一般用于主、侧枝延长头和长果枝修剪。

第三，重剪。截去 1 年生枝的 3/4～4/5。剪后萌发枝条生长势强壮，常用于发育枝作延长枝头、长果枝和中果枝的修剪。

第四，极重短截。截去 1 年生枝的 4/5 以上。剪后萌发枝条中庸偏壮，常用于将发育枝和徒长枝培养结果枝组。

第五，留基部 2 叶芽剪。剪后萌发枝条较旺盛，常用于预备枝的修剪。

④影响短截效果的因素 主要因素有 2 个：一是剪口芽的饱满度，二是剪留长度。由于饱满芽分化质量高，从饱满芽处剪截，

剪后长势强，可以促发抽生较强壮的新梢。剪口留瘪芽，长势弱，一般只抽生中、短枝。短截越重，对侧芽萌发和生长势的刺激越强，但不利于形成高质量结果枝。有时短截过重，还会出现削弱生长势的现象。短截越轻，侧芽萌发越多，生长势越弱，枝条中、下部易萌发短枝，易形成花芽。剪留长度与结果枝粗度有关，枝条较粗者，宜进行轻短剪，应剪留长一些；反之，则短些。但对短果枝、花束状果枝不宜进行短截。单花芽多的品种应少短截。

⑤短截的应用　短截的轻重应以树龄、树势和修剪目的确定。幼龄树树势较旺，应以培养良好而牢固的树形结构和提早结果为主要目的，所以对延长枝要短截，对其他结果枝一般以轻短截为主。桃树从始果期到盛果期，主要目的是多结果，并形成良好的树体结构。所以，当有大量结果枝时，应采取适度短截与疏枝相结合的方法。进入衰老期的树，树势逐渐衰弱，产量逐年下降，修剪时要从恢复树势着眼，可适当增加短截程度，在剪口处留壮芽，以促进其萌发新梢。南方高温、高湿季节，桃树营养生长旺盛，应尽量少进行短截。

(2)疏枝　疏枝是指将枝条从基部剪除(图 3-4)，可以是 1 年生枝，也可以是多年生枝。

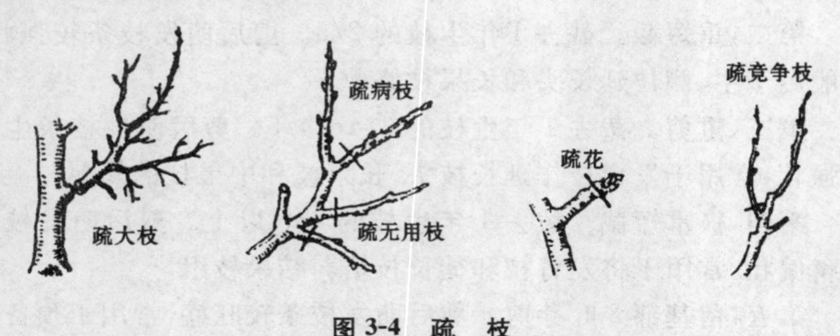

图 3-4　疏　枝

①疏枝对象　树冠上的干枯枝、不宜利用的徒长枝、竞争枝、病虫枝、过密的轮生枝、交叉枝和重叠枝等。

②疏枝目的　使留下的枝条分布均匀、合理，改善树体通风透光条件，并使养分集中用于结果枝生长和果实发育等。

③影响疏枝效果的因素　疏枝对树体的影响与疏除的枝条数量、性质、粗度和生长势强弱有关。疏除强枝、粗枝或多年生大枝，常会削弱剪口以上枝的生长势，而对剪口以下的枝有促进生长的作用。疏除发育枝可减少枝叶量，而疏除花芽较多的结果枝，则可以增加枝叶量，并促进根系生长。总体来说，多疏枝有削弱树势和控制生长的作用。因此，对生长过旺的骨干枝可以多疏壮枝，对弱骨干枝可以多疏除花芽，以达到平衡生长与结果的目的。

④疏枝的应用　树龄和树势不同，疏枝的程度也不同。幼龄树宜轻疏，可促进花芽形成、早结果。进入结果期以后，要疏除枝头上的竞争枝、内膛里的密生枝，并适度疏除结果枝。桃树进入衰老期后，短果枝增多，应多疏除结果枝，促进营养生长，保持树势平衡。

(3)回缩　就是对多年生枝的短截(图 3-5)。

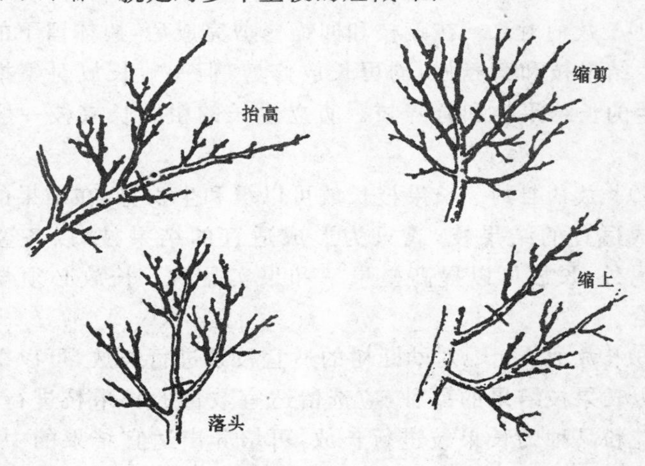

图 3-5　回　缩

①回缩对象　主枝、侧枝、辅养枝和结果枝组。

②回缩目的　一是调整树体生长势。二是改善树冠光照，更新树冠，降低结果部位，调节延长枝的开张角度。三是控制树冠或枝组的发展，充实内膛，延长结果年限。

③影响回缩效果的因素　回缩后的反应强弱决定于剪口枝的强弱。剪口枝若留强旺枝，则剪后生长势强，有利于树枝更新和恢复树势。剪口枝若留弱枝，则剪后生长势弱，有利于中、短枝抽生，利于成花结果。剪口枝长势中等，剪后也会保持中庸，多促发中、长果枝。

④回缩的应用　当主枝、侧枝、辅养枝或结果枝组延伸过长，影响其他枝生长时，可进行回缩。当主枝、侧枝、辅养枝或结果枝组角度太低并开始变弱时，可将其回缩到直立枝上，抬高角度，增强其生长势。对于过高的结果枝组要及时回缩，以抑制其生长势。

(4)长放　长放就是对 1 年生枝不进行短截和疏枝等，任其生长。

①长放的对象　在疏枝和回缩修剪完成后，树体留下的所有 1 年生结果枝和营养枝，均可长放修剪，但一般长放对象指的是 1 年生的长结果枝和营养枝。直立生长的粗壮长果枝一般不长放。

②长放的目的　长果枝长放可以缓和生长势，在结果的同时还形成适宜的结果枝，或只为形成适宜的结果枝，以备翌年结果。另外，长放可以提高坐果率和果实品质。长放必须与疏果相结合。

③长放的应用　对幼旺树的适宜枝条进行长放，可以缓和树势。以长果枝结果的品种，应选留适宜数量的长果枝进行长放。对无花粉品种的长果枝进行长放，可培养出适宜结果的中、短果枝。

(5)4 种修剪方法的综合运用　冬季修剪是短截、回缩、疏枝和长放4种方法的综合运用。通过修剪使树体达到中庸状态是冬季修剪的主要目的。何时应用哪种方法,用到什么程度,是一个非常灵活的操作过程。对于同一株树,不同的人有不同的修剪方法。一般修剪时对骨干枝的处理基本一致,但结果枝往往不同。一般对于幼龄树和偏旺的树,多采用疏枝和长放的修剪方法,而对于较弱或衰老树多采用短截与回缩的方法。

2. 夏季修剪的主要方法及效应 夏季修剪一般是从萌芽到落叶之前进行,又称生长期修剪。夏季修剪主要有抹芽、摘心、疏枝、回缩和拉枝5种方法。

(1)抹　芽

①时间　一般在萌芽至新梢生长到5～10厘米之前进行。

②目的　一是有利于节省养分、改善光照条件。二是保证留下来的新梢健壮生长。三是减少生长期疏枝和冬季修剪工作量以及冬剪疏枝造成的伤口。

③对象　抹掉树冠内膛多余的徒长芽和剪口下的竞争芽及萌蘖(图3-6)。

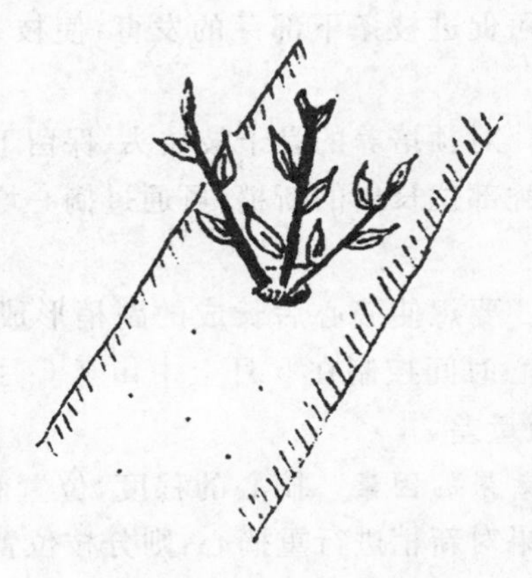

图3-6　桃树的抹芽

(2)摘心 摘心是剪去正在生长新梢顶端的幼嫩部分(图 3-7),相当于冬季修剪 1 年生枝的短截。

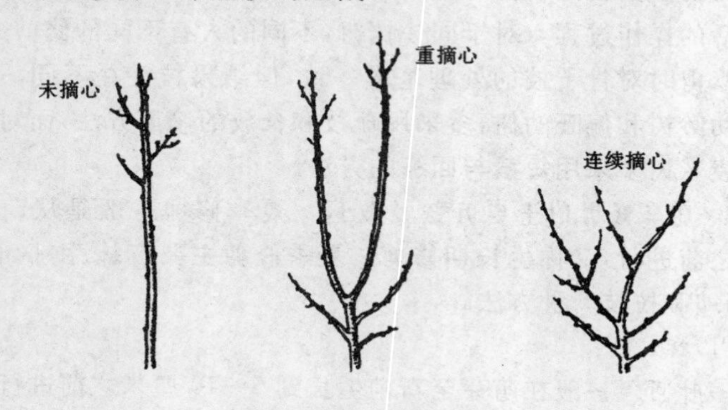

图 3-7 桃树的摘心

①摘心目的 一是在适宜位置促发新梢。如果不进行摘心,也可以发出新梢,只是新梢位置较高,而通过摘心则可以使摘心下部的芽子萌发,在需要的位置长出新梢。二是抑制营养生长,促进花芽分化。摘心可促进枝条下部芽的发育,使枝条下部花芽分化充实饱满。

②摘心对象 对预培养的骨干枝枝头、保留下来的锯、剪口处长出的新梢和光秃部位长出的新梢,可通过摘心增加分枝,将其培养成结果枝组。

③摘心时间 要想使摘心后长成的副梢形成良好的结果枝,石家庄地区的摘心时间控制在 5 月上中旬至 6 月底进行,摘心过晚,形成的花芽质量差。

④影响摘心效果的因素 摘心的程度、位置和时间均可影响摘心的效果。如果对新梢进行重摘心,则分枝位置较低,长出的新梢较旺;如果空间较大,则可以在较高处摘心。

(3)疏枝 疏枝就是将多年生枝或新梢从基部疏除。

①疏枝目的　改善光照，促进果实着色、结果枝充实和花芽饱满，减少养分消耗。

②疏枝对象　疏除枝头附近的竞争枝、背上枝，树冠内膛旺枝，密生枝及过多的副梢等。

(4)回缩　生长季可以将过长、过高及过低的骨干枝或结果枝组进行回缩。夏季修剪的回缩不宜太重，否则会刺激回缩部位的新梢上的芽子萌发。

(5)拉枝　时间在6～9月份进行。

①拉枝目的　开张枝干间的角度。

②拉枝对象　直立的骨干枝。

③注意事项　用绳索把枝条拉向所需要的方向或角度，拉枝时要活套缚枝或垫上皮垫，以免勒伤枝条。

(6)夏季修剪程度及综合运用

①修剪程度　夏季修剪应“少量多次”，一般每个月1次，每次修剪量不要过大。合理的夏季修剪会达到预期的目的，修剪太重则会刺激剪口及附近芽子萌发；太轻则达不到应有的效果。一般夏季修剪前期修剪程度适当轻一些，后期(8月中旬以后)可以适当重一些，因为已到后期，气温已下降，新梢已停止生长，重修剪一般不会再度刺激芽子生长。

②综合运用　夏季修剪也是将5种方法综合运用。若运用恰当，则树势中庸，通风透光，花芽分化好，果实品质优良。

(五)桃树几种丰产树形的树体结构

1. 三主枝开心形　三主枝开心形是当前露地栽培桃树的主要树形，具有骨架牢固、树冠较大、树体易于培养和控制、光照条件好和丰产、稳产等特点。三主枝开心形的结构见表3-6和图3-8。

表 3-6　桃树三主枝开心形树体结构

树　高	2.5～3.5 米		
干　高	40～50 厘米		
主　枝	数量	3 个	
	延伸方式	波浪曲线延伸(图 3-9)	
	分布	第一主枝朝北,第二主枝朝西南,第三主枝朝东南,切忌第一主枝朝南,以免影响光照。如是山坡地,第一主枝选坡下方,第二、第三主枝在坡上方,提高距地面高度,管理方便,光照好	
	距离	第一主枝距第二主枝	15 厘米
		第二主枝距第三主枝	15 厘米
	角度	第一主枝	60°～70°
		第二主枝	50°～60°
		第三主枝	40°～50°
侧　枝	数量	每主枝选 2 个侧枝,第二侧枝着生在第一侧枝的对方,并顺一个方向呈推磨式排列	
	分布	第一主枝上	第一侧枝距主干 60～70 厘米,第二侧枝距第一侧枝 40～50 厘米
		第二主枝上	第一侧枝距主干 50～60 厘米,第二侧枝距第一侧枝 40～50 厘米
		第三主枝上	第一侧枝距主干 40～50 厘米,第二侧枝距第一侧枝 40～50 厘米
	角度	侧枝要求留背斜枝,角度较主枝大 10°～15°。侧枝与主枝夹角 70°左右,夹角大易交叉,夹角小通风透光差	

续表 3-6

<table>
<tr><td>树　高</td><td colspan="3">2.5～3.5 米</td></tr>
<tr><td>干　高</td><td colspan="3">40～50 厘米</td></tr>
<tr><td rowspan="11">结果枝组</td><td rowspan="3">大小</td><td colspan="2">大型结果枝组长 80 厘米</td></tr>
<tr><td colspan="2">中型结果枝组长 60 厘米</td></tr>
<tr><td colspan="2">小型结果枝组长 40～50 厘米</td></tr>
<tr><td rowspan="3">同方向枝组间距</td><td>大型枝组</td><td>50～60 厘米</td></tr>
<tr><td>中型枝组</td><td>30～40 厘米</td></tr>
<tr><td>小型枝组</td><td>配置在大、中枝组之间</td></tr>
<tr><td>形　状</td><td colspan="2">圆锥形为好，即“两头小、中间大”</td></tr>
<tr><td rowspan="3">排列</td><td>大枝组</td><td>位于骨干枝两侧，在初果期树上，骨干枝背后也可以配置大型结果枝组</td></tr>
<tr><td>中枝组</td><td>骨干枝两侧，或安插在大型枝组之间，可以长期保留或改造疏除</td></tr>
<tr><td>小枝组</td><td>树冠外围、骨干枝背后及背上直立生长，有空则留，无空则疏</td></tr>
<tr><td colspan="3">在骨干枝上的配置，是两头稀中间密，顶部和基部以中、小型为主，中部以大、中型为主</td></tr>
<tr><td rowspan="7">结果枝</td><td rowspan="4">常规修剪</td><td>剪后距离</td><td>南方品种群：15～20 厘米；北方品种群：10 厘米</td></tr>
<tr><td>剪留长度</td><td>长果枝：20～30 厘米；中果枝：10～20 厘米；短果枝及花束状枝只疏不截</td></tr>
<tr><td>角　度</td><td>中、长果枝以斜生为好</td></tr>
<tr><td>更　新</td><td>单枝更新和双枝更新</td></tr>
<tr><td rowspan="3">长枝修剪</td><td>剪后距离</td><td>同侧距离为 30 厘米</td></tr>
<tr><td>角　度</td><td>斜生为主，也可有少量直立或下垂枝</td></tr>
<tr><td>更　新</td><td>单枝更新</td></tr>
</table>

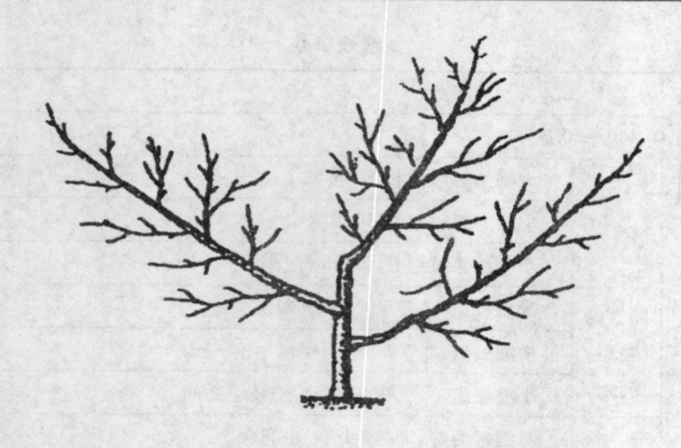

图 3-8　桃三主枝开心形树体结构示意图

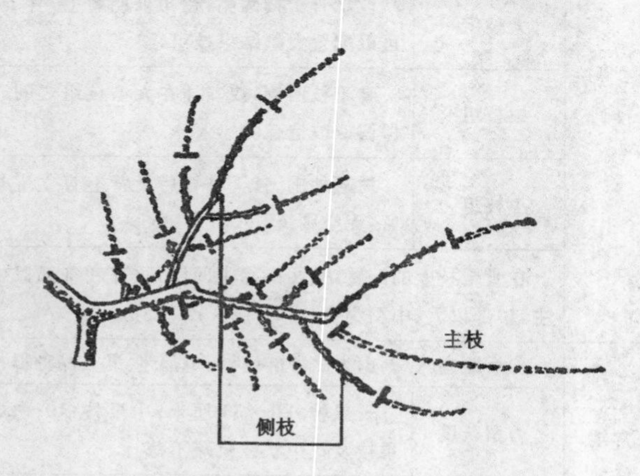

图 3-9　桃树主枝波浪曲线延伸

2. 二主枝开心形　适于露地密植和设施栽培，容易培养，早期丰产性强，光照条件较好，是目前提倡应用和推广的主要树形。

树高 2.5 米，干高 40～60 厘米，全树只有 2 个主枝，配置在相反的位置上，在距地面 1 米处培养第一侧枝，第二侧枝在距第一侧枝 40～60 厘米处培养，方向与第一侧枝相反。2 个主枝的角度为

45°，侧枝的开张角度为 50°，侧枝与主枝的夹角保持约 60°。在主枝和侧枝上配置结果枝组和结果枝（图 3-10）。

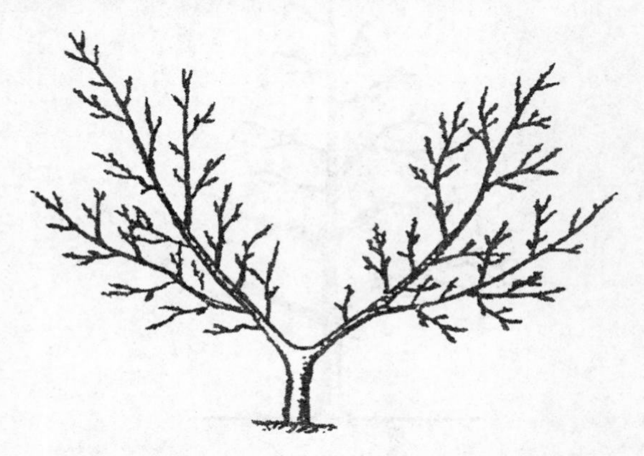

图 3-10　桃树二主枝开心形树体结构示意图

3. 纺锤形　适于设施栽培和露地高密度栽培。光照条件好。树形的维持和控制难度较大，需及时调整上部大型结果枝组与下部结果枝组的生长势，切忌上强下弱。在露地栽培条件下，无花粉、产量低的品种及早熟品种不适合培养成纺锤形。蟠桃和梗洼浅的品种适宜纺锤形。不建议南方采用此树形。

树高 2.5 米，干高 50 厘米，有中心干，在中心干上均匀排列着生 8～10 个大型结果枝组。大型结果枝组之间的距离为 30 厘米，主枝角度平均在 70°～80°。大型结果枝组上直接着生小枝组和结果枝（图 3-11）。

4. 主干形　高光效高产树形。适于设施栽培和露地密植栽培。主干高 50 厘米，树高 2.5 米左右，有一个强健的中央领导干，其上直接着生 30～60 个长、中、短果枝，果枝的粗度与主干的粗度相差较大。树冠直径小于 1.5 米，围绕主干结果，受光均匀。主干形桃树成形快，修剪量少，花芽质量好，横向果枝更新容易。该树

图 3-11　桃树纺锤形树体结构示意图

形的修剪应采用长枝修剪技术，一般不进行短截。在露地栽培条件下，应选用有花粉、丰产性强的中晚熟品种。早熟品种采收后正值高温、高湿季节，由于没有果实的压冠作用，新梢生长量大，难于控制。无花粉品种若在花期遇不良气候，则会影响其坐果率，果少又导致树体营养生长过旺，使树体上部直立枝和竞争枝多，适宜的结果枝变少。成花能力强，坐果率高，各种果枝均可坐果的品种适宜主干形。有花粉的蟠桃和梗洼浅的品种也适宜主干形。不建议南方采用此树形。

（六）幼龄树整形及修剪要点

1. 夏季修剪和冬季修剪在整形中的应用　幼龄桃树的整形修剪主要以整形为主，夏季修剪与冬季修剪相结合，但以夏季修剪为主。

(1)夏季修剪　整形主要是培养骨干枝（主枝和侧枝等）。夏季修剪主要是对延长枝摘心，并控制延长头附近的竞争枝和徒长枝。及时疏除内膛过密枝，同时注意培养结果枝组。

(2)冬季修剪　冬季修剪是在夏季修剪的基础上进行的。

①主枝　对延长头进行较重短截，疏除与枝头竞争的直立枝和过密枝。

②侧枝　对预培养成侧枝的粗壮枝条进行中度短截，以增强其生长势，并促发枝条，将其培养成侧枝。

③结果枝组　通过短截、长放等方法，培养各种类型的结果枝组，尤其是大型结果枝组。

④辅养枝　有空间就留，让其生长或结果，无空间就疏除或回缩。

2. 不同树形的整形过程

(1)三主枝开心形　成苗定干高度为 60～70 厘米，剪口下 20～30 厘米处留 5 个以上饱满芽作整形带。第一年选出 3 个错落的主枝，任何一个主枝均不要朝向正南。翌年在每个主枝上选出第一侧枝，第三年选第二侧枝。每年对主枝延长枝剪留长度为 40～50 厘米。为增加分枝级次，可在生长期进行 2 次摘心。生长期用拉枝等方法，开张树杈角度，控制枝条旺长，促进其早结果。4 年生树在主、侧枝上要培养一些结果枝组和结果枝。为了快长树、早结果，幼龄树的冬季修剪以轻剪为主。

(2)二主枝开心形　成苗定干高度 60 厘米，在整形带选留 2 个对侧的枝条作为主枝。两个主枝一个朝东，另一个朝西。第一年冬剪，主枝剪留长度 50～60 厘米，翌年选出第一侧枝，第三年在第一侧枝对侧选出第二侧枝。其他枝条按培养枝组的要求修剪，第四年时树体基本形成。

(3)纺锤形　成苗定干高度 80～90 厘米，在以下 30 厘米内合适的位置(位于整形带的基部，剪口往下 25～30 厘米处)培养第一主枝，在剪口下的第三芽培养第二主枝。用主干上发出的副梢选留第三、第四主枝。各主枝按螺旋状上升排列，相邻主枝间间距30厘米左右。第一年冬剪时，选留主枝尽可能长留（一般留80～100厘米）。翌年冬剪时，下部选留的第一、第二、第三、第四主枝不再短截延长枝，上部选留的主枝一般也不进行短截。主枝开张角度70°～80°。一般3年后可完成8～10个主枝的选留。

（4）主干形　第一年成苗定植后不定干，苗木上副梢基部有芽的可直接将其疏除，基部没芽的可在副梢留1个芽进行重短截。一般当年可在主干上直接发出10～15个横向生长的新梢。对顶端新梢上发出的二次副梢，应注意控制，以防其对中央干延长头产生竞争。当年冬季修剪一般仅采用疏枝与长放两种方法。对适宜结果枝不短截，而是利用其结果，疏除其他不适宜的结果枝；对中心干延长头不短截，并疏除其附近的结果枝。一般当年选留5～10个结果枝，多少因树体大小而异。

翌年生长季整形修剪的主要任务是培养直立粗壮的主干，形成足够的优良结果枝。一般情况下，翌年树体高度可以达到2.5米，有30个以上结果枝。翌年冬季修剪主要任务是控制主干延长头，可在顶部适当多留细弱果枝，以果压冠，并疏除粗枝，一般不短截。一般修剪后树体达到预期高度时，全树应留20～35个结果枝。

（七）初结果和盛果期树修剪

初结果期主要任务是继续完善树形，培养骨干枝和结果枝组。盛果期树的主要任务是维持树势，调节主、侧枝生长势的均衡和更新枝组，防止早衰和内膛空虚。盛果期树的修剪同样是夏季修剪与冬季修剪相结合，两者并重。

1. 冬季修剪

（1）骨干枝的修剪

①主枝的修剪　盛果初期延长枝应以壮枝带头，剪留长度为30厘米左右；利用副梢开张角度，减缓树势。盛果后期，生长势减

弱，延长枝角度增大，应选用角度小、生长势强的枝条抬高角度，增强其生长势，或回缩枝头刺激其萌发壮枝。

②侧枝的修剪　随着树龄的增长，树冠不断扩大，侧枝伸展空间受到限制，下部侧枝衰弱较早。修剪时对下部严重衰弱、几乎失去结果能力的侧枝，可以疏除或回缩成大型枝组。对有生长空间的外侧枝，可用壮枝带头。此期仍需调节主、侧枝的主从关系。

③结果枝组的修剪　对结果枝组的修剪以培养和更新为主；对细长弱枝组要更新，并回缩、疏除基部过弱的小枝组；膛内大枝组出现过高或上强下弱时，轻度缩剪，降低高度，以结果枝当头。枝组生长势中庸时，只疏强枝。侧面和外围生长的大中枝组弱时缩，壮时放，放缩结合，以维持适宜的结果空间。3 年生枝组之间的距离应在 20～30 厘米，4 年生枝组距离为 30～50 厘米，5 年生为 50～60 厘米。调整枝组之间的密度可以通过疏枝、回缩的手段，使之由密变稀，由弱变强，更新轮换。保持各枝组在树上均衡分布，保证各个方位的枝条有良好的光照。

(2)长枝修剪技术　在进入盛果期后，冬季修剪主要是对结果枝的修剪。

长枝修剪是一种基本不使用短截，仅采用疏枝、回缩和长放的修剪技术。因长枝修剪后的 1 年生枝的长度较长(结果枝长度一般为 30～50 厘米)，故将其称为长枝修剪技术。长枝修剪技术具有操作简单、节省修剪用工、树冠内光照好、果实品质优良、树体生长平衡和容易更新等优点，现已得到广泛应用，并取得了良好的效果。

①长枝修剪技术要点　长枝修剪以疏枝、回缩和长放为主，基本不短截。对于衰弱的枝条，可进行适度短截。

疏枝：主要疏除直立或过密的结果枝组和结果枝。对于以长果枝结果为主的品种，疏除徒长枝、过密枝及部分短果枝和花束状果枝。对于中、短果枝结果的品种，则疏除徒长枝、部分粗度较大的长果枝及过密枝，中、短果枝和花束状果枝要尽量保留。

回缩：对于 2 年生以上延伸较长或下垂的枝组进行回缩。

长放：对于疏除与回缩后余下的结果枝大部分采用长放的方法，一般不进行短截。对于长放结果枝有如下要求。

第一，结果枝长度。以长果枝结果为主的品种，主要保留 30～50 厘米的结果枝，小于 30 厘米的果枝原则上大部分疏除。以中、短果枝结果的无花粉品种和大果型、梗洼深的品种，如八月脆、深州蜜桃、早凤王和仓方早生等，保留 20～30 厘米的果枝及大部分健壮的短果枝和花束状果枝；另外，保留部分大于 30 厘米的结果枝，使之抽生中、短果枝，用于翌年结果。

第二，结果枝留枝量。主枝（侧枝、结果枝组）上每 15～20 厘米保留一个长果枝（30 厘米以上），同侧长果枝之间的距离一般为 30 厘米左右。对于盛果期树，以长果枝结果为主的品种，长果枝（大于 30 厘米）留枝量控制在 4 000～5 000 个/667 米^2，总枝量小于 10 000 个/667 米^2。以中、短果枝结果的品种，长果枝（大于 30 厘米）留枝量控制在小于 2 000 个/667 米^2，总果枝量控制在小于 12 000 个/667 米^2。生长势旺的树留枝量可相对大一些，而生长势弱的树留枝量宜小一些。另外，如果树体保留的长果枝数量多，总枝量要相应减少。

第三，结果枝角度。所留长果枝应以斜上、水平和斜下的方向为主；少留背下枝，尽量不留背上枝。结果枝角度与品种、树势和树龄有关。直立的品种，主要留斜下或水平枝，树体上部应多留背下枝。对于树势开张的品种，主要留斜上枝，树体上部可适当留一些水平枝，树体下部选留少量背上枝。幼龄树，尤其是树势直立的幼龄树，可适当多留一些水平枝及背下枝。

第四，结果枝的更新。长枝修剪中结果枝的更新有两种方式：一是利用长果枝基部或中部抽生的更新枝，此为长枝修剪主要的更新方法（图 3-12）。采用长枝修剪后，果实和枝叶重量将 1 年生枝压弯、下垂，枝条由顶端优势变成基部背上优势，从而由基部抽生出健壮的更新枝。冬剪时，对以长果枝结果的品种，将已结果的母枝回缩到基部健壮枝处更新，如果母枝基部没有理想的更新枝，也可以在母枝中部选择合适的新枝进行更新。对以中、短果枝结果的品种，则利用中、短果枝结果，保留适量长果枝长放，多余的疏除。二是利用骨干枝上抽生的更新枝。由于长枝修剪树体留枝量少，所以骨干枝上萌发新枝的能力增强。如果主枝(侧枝)上着生结果枝组的附近已抽生出更新枝，则可对该结果枝组进行整体更新。

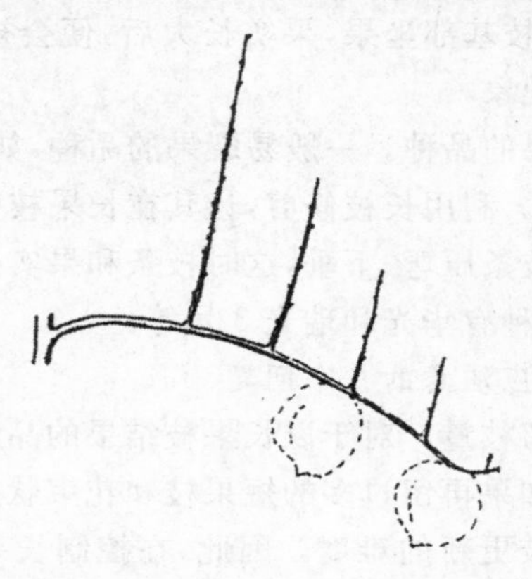

图 3-12　长枝修剪更新枝示意图

②适宜长枝修剪的品种　适宜长枝修剪技术的品种有以下 4 类。

第一，以长果枝结果为主的品种。对于以长果枝结果为主的品种，可以采用长枝修剪技术，疏除竞争枝、徒长枝和多余的短果枝、花束状果枝，适当保留部分健壮或中庸的长果枝，并进行长放，结果后以果压冠，前面结果，后面长枝，每年更新。适宜品种有大久保等。蟠桃品种梗洼浅，可以利用长果枝结果，甚至可以利用徒长性结果枝结果。

第二，以中、短果枝结果的无花粉品种。大部分无花粉品种在中短果枝上坐果率高，且果个大、品质好，可以先对长果枝长放，促使其上抽生出中、短果枝，再利用中、短果枝结果。如深州蜜桃、丰白、华玉、仓方早生和安农水蜜等。

第三，大果型、梗洼深的品种。大果型品种大都具有梗洼深的特点，适宜用中、短果枝结果。若长果枝坐果，则应保留结果枝中上部的果实。生长后期，随着果实增大，梗洼着生果实部位的枝条弯曲进入梗洼内，不易被顶掉，如中华寿桃、北京晚蜜和 21 世纪等。如果在结果枝基部坐果，果实长大后，便会被顶掉，或者是果个小，发生皱缩现象。

第四，易裂果的品种。一般易裂果的品种，如果在长果枝基部留果会加重裂果。利用长枝修剪，让其在长果枝中上部结果，当果实长大后，便将枝条压弯、下垂，这时枝条和果实生长速度缓和，减轻裂果。适宜品种有华光和瑞光 3 号等。

③长枝修剪应注意的几个问题

第一，控制留枝量。对于以长果枝结果的品种，在留有足够长果枝的前提下，如果再留过多的短果枝和花束状果枝，则会削弱树势，增加翌年果枝更新的难度。因此，在控制长果枝数量的同时，还要控制短果枝和花束状果枝的数量。但对于无花粉、大果型或易采前落果的品种，则要多留中、短果枝。

第二，控制留果量。采用长枝修剪后，虽整体留枝量减少，但花芽的数量并没有减少，由于前期新梢生长缓和，还会增加坐果率，所以与常规修剪一样，采用长枝修剪技术时同样要疏花疏果，调整负载量。

第三，肥水管理。对于长枝修剪后生长势开始变弱的树，应在增加短截和减少长放的同时，加强肥水管理，适当增加施肥次数和施肥量。

第四，不宜采用长枝修剪技术的树。对于衰弱的树和没有灌溉条件的树不宜采用长枝修剪技术。

2. 夏季修剪　我国北方桃园一般每月进行1次夏季修剪。

(1)第一次夏季修剪　主要是抹芽，在叶簇期进行(石家庄地区在4月下旬，也即花后10天左右)。抹芽可抹双芽，留单芽，并抹除剪、锯口附近或近幼龄树主干上发出的无用枝芽。

(2)第二次夏季修剪　在新梢迅速生长期进行(石家庄地区在5月中下旬)。此次修剪非常重要。修剪内容如下。

第一，调整树体生长势。通过疏枝、摘心等措施，调整生长与结果的平衡关系，使树体处于中庸状态。

第二，延长枝头的修剪。疏除竞争枝，或对幼旺树枝头进行摘心处理。

第三，徒长枝、过密枝及萌蘖枝的处理。采用疏除和摘心的方法。对于无生长空间的枝条，从基部疏除。对于树体内膛光秃部位长出的新梢，在其适当的位置进行摘心促发二次枝，培养成结果枝组。疏除背上枝时，不要全部去光，可适当留一个新梢，将其压弯并贴近主枝向阳面，或者基部留20厘米短截，以其作为"放水口"，还可以防止主干日灼。

(3)第三次夏季修剪　在6月下旬至7月上旬进行。此次主要是控制旺枝生长。对骨干枝仍按整形修剪的原则适当修剪；对竞争枝、徒长枝等旺枝，在上次修剪的基础上，疏除过密枝条，如有空间，可留1～2个副梢，剪去其余部分；对树姿直立的品种或角度较小的主枝进行拉枝，开张角度。

(4)第四次夏季修剪　在7月底至8月上中旬进行。主要任务是疏枝，对已采收的品种，如结果枝组过长，则可以疏除或回缩；原来没有控制住的旺枝从基部疏除；新长出的二三次梢，根据情况选留，并疏除多余新梢；对角度小的骨干枝进行拉枝。此期可以延迟至8月下旬以后进行，这时可以适当修剪重一些，修剪量适当大一些。

3. 南方桃树夏季修剪的特点

(1)南方桃生长特性　南方地区夏季温度高、湿度大,树体生长旺,易造成树冠郁闭。一些油桃品种更是树势强,长势旺,如不及时控制,便会出现营养生长过旺,花芽分化质量差,坐果率低的现象。南方桃产区,早熟桃品种雨花露一般于5月底至6月初成熟,果实采收后,其树体转向新梢生长,一个生长季主枝延长枝可抽生1米以上,其上还会抽生二三次枝,有的二次枝也能长达0.8米以上。因此,南方桃树往往出现枝条过密,徒长,交叉重叠现象。

(2)南方桃树夏季修剪　南方桃树夏季修剪主要是解决光照问题,使树冠各部位通风透光,避免内膛和下部枝条因光照不良而枯死,同时还要促进营养合理分配。

及时疏除树冠外围和内膛的直立旺枝和过密枝,做到上部枝头附近枝条少而小,内膛枝条少,中部枝量较大,基部枝量小,使各部位枝条错落有致,通风透光。幼龄树一般采用拉枝和拿枝等方法,开张主枝角度。

南方地区夏季修剪应分多次进行,夏季修剪次数不应少于北方桃园。一次修剪量不宜太重,而是分多次进行,原则上不对其进行重截。

南方地区一般3月份时疏去冬剪伤口附近的徒长枝,之后随时剪去树冠上部的过密枝条,增加透光度,避免内膛郁闭。果实采收后的修剪,主要是剪除和回缩过长的结果枝、徒长枝、过密枝和病虫枝等。到8～9月份还应再次进行修剪,以保证树体光照充足。

南方桃产区除了以疏枝为主外,还可采用多次摘心的方法,对于长到15厘米的新梢进行摘心,从而有效控制枝梢旺长,提高结果枝和花芽的质量。

(八)桃树树体改造技术

1. 栽植过密的树

(1)生长表现 栽植过密的树,一般株行株距都较小(生产中多为3米×2米,甚至更密);主枝较多,主枝角度小,生长较直立;树冠内光照不良,内膛结果枝衰弱,甚至死亡;结果部位外移,适宜结果枝少,花芽数量少、质量差。

(2)改造措施

①当年冬季修剪 对于过密的树,首先要按照“宁可行里密,不可密了行”的原则进行间伐。如果株距为2~3米,通过隔行间伐,可使行间距大于或等于5米,并将其改造成二主枝开心形或“Y”形。疏除株间的主枝,保留2个朝向行间的主枝。对于直立生长的主枝,要适当开角。

②翌年夏季修剪 及时抹除大锯口附近长出的萌芽。光秃带内长出的新梢可进行1~2次摘心,培养成结果枝组。疏除徒长枝、竞争枝和过密枝。对角度小的骨干枝进行拉枝。

2. 无固定树形的树

(1)生长表现 从定植后一直没有按预定的树形进行整形,放任生长,致使主枝过多,内膛枝密挤,有些枝逐渐死亡,主枝下部光秃;结果部位外移,仅树冠外围有较好的结果枝;产量低,品质差,喷药操作困难,病虫害防治效果差。

(2)改造措施

①当年冬季修剪 这种树已不能整成理想的树形,只能因树整形。根据栽植密度确定主枝的数量,主要是疏除伸向株间的大枝或将其逐步疏除。如株行距为4米×5~6米,宜采用三主枝开心形,即选择方向和角度适宜的3个主枝,尽量朝向行间,不要留正好朝向株间的主枝,且3个主枝在主干上要错开,不要太近。若株行距为2~3米×4~5米,则可以采用二主枝开心形,即选择方

向和角度适宜的2个主枝，分别朝向行间。主枝和侧枝要主次分明，如果侧枝较大，要对其进行回缩。对主枝延长头进行短截，以保证其生长势。

对树冠内的直立枝、横向枝、交叉枝和重叠枝，进行疏间或在2～3年改造成为结果枝组。过低的下垂枝，尤其距地面1米以下的下垂枝进行疏除或回缩，以改善树体下部的光照条件。对于株间互相搭接的枝要回缩或疏除。

②翌年夏季修剪　及时抹除大锯口附近长出的萌芽。光秃带内长出的新梢可以进行1～2次摘心，培养成结果枝组。如果有空间，剪锯口附近长出的新梢可以保留，对其进行摘心，可培养成结果枝组。疏除多余的徒长枝、竞争枝和过密枝。对角度小的骨干枝进行拉枝。

3. 结果枝组过高、过大的树

(1)生长表现　由于结果枝组过高过大、背上结果枝组过多使树冠光照差，内膛大量结果枝衰弱和枯死。这种树主要是对结果枝组控制不当，没有及时回缩，形成了“树上树”。

(2)改造措施

①当年冬季修剪　按结果枝组的分布距离，疏除过大、过高直立枝组或回缩改造成中、小枝组。根据其生长势，将留下的枝组去强留弱，逐步改造成大、中、小不同类型的结果枝组。

②翌年夏季修剪　及时疏除剪锯口附近长出的徒长枝和过密枝。有空间生长的枝条，可以进行摘心培养成结果枝组。

4. 未进行夏季修剪的树

(1)生长表现　树冠各部位直立徒长枝较多，光照差，除树冠外围和上部有较好的结果枝外，内膛和树冠下部光照差，枝条细弱，花芽少，着生部位高，质量差。

(2)改造措施

①当年冬季修剪　应选好主、侧枝延长枝，多余的发育枝从基

部疏除。各类结果枝尽量长放不短截，用于结果。对骨干枝延长头进行短截，其他枝不进行短截，以缓和树体生长势。

②翌年夏季修剪　坐果较少会造成枝条徒长，所以要及时疏除徒长枝、竞争枝和过密枝。有空间生长的枝条可以通过摘心培养成结果枝组。

（九）整形修剪中应注意的问题

1. 整形和留枝量的原则　总的整形原则是“有形不死，无形不乱”、“大枝亮堂堂，小枝闹嚷嚷”。即大枝少，小枝才能多，但“小枝闹嚷嚷”并非是枝量越大越好，无花粉品种枝量要比有花粉品种多。总的修剪原则是“轻重结合，宜轻不宜重”。

2. 强化夏剪，淡化冬剪　夏季修剪在桃树的整形修剪中占有重要的地位，尤其是幼龄树和密植栽培的树。

3. 强调按品种类型进行修剪　不同的品种类型有不同的特点，应采用不同的修剪方法。不同品种类型的整形基本上是相同的，其区别主要在于结果枝的修剪技术方面。

4. 控制留枝量　桃树喜光性强，留枝量过大将导致光照条件差，从而影响果实品质。所以，一定要打开光路，让所有枝、叶和果实均可见光。

5. 其他问题

(1)保持骨干枝的生长势　在各个阶段，尤其是在幼龄树树形培养阶段，一定要对主枝头进行短截，保持其生长势。

(2)骨干枝角度和位置　在大冠树上，主枝弯曲延伸生长的角度要适宜，大型结果枝组或侧枝斜生，中小枝组插空。主枝（大侧枝）上结果枝组分布呈“枣核形”，即两头小，中间大。结果枝以斜生或平生为好，幼龄树上可留背下枝，背上粗枝则要疏去。

(3)充分利用空间　修剪后，在同一株树上，应是长、中、短果枝均有；长短不齐，高低不齐，立体结果。切忌“推平头式”修剪。

(4)培养中庸树势　通过修剪,保持树势中庸,既不过旺,也不过弱。

(5)冬季修剪与其他栽培措施配合　冬季修剪不是万能的,必须同其他栽培措施配合才能起到应有的效果,如夏季修剪、疏花疏果和肥水管理等。

四、桃树花果管理

(一)授粉与坐果

1. 影响授粉和坐果的因素

(1)品种　不同品种的自然坐果率和自花结实率有一定差异。一般有花粉的品种坐果率高,在生产中既不需要配置授粉品种,也不需要进行人工授粉;而无花粉品种坐果率相对较低。值得一提的是,有些无花粉品种,如八月脆、仓方早生、锦香、华玉、红岗山和早凤王等,近几年表现较好,在市场上深受欢迎。要想获得理想的产量,就必须在配置足量授粉树的基础上,加强人工授粉。

(2)花器质量　花的质量好坏与授粉和受精有很大的关系。花芽分化质量好,冬季树体营养储备充足时,花的质量好,花粉量大,柱头接受花粉能力强,坐果率高。

(3)气候因素　桃树开花期的温度与授粉和坐果有密切的关系。当花期温度在18℃左右时,花期持续时间较长,授粉机会多,坐果率高;相反,如花期温度高于25℃,则花期较短,开花速度快,坐果率低。试验表明,在人工条件下,桃花粉在18℃～28℃之间,温度越高,发芽率越高;0℃～6℃之间,也有相当数量的花粉能够发芽;当温度在28℃时,桃花粉发芽率为87.1%;而在4℃～6℃时,发芽率为72.4%;温度在0℃～2℃时,发芽率为47.2%。这就给人们提供一个信息,即使花期遇上寒流,对桃树来说,仍有相当数量的花能够授粉。花期微风有利于授粉，但如遇大风，则柱头易干，不利于授粉。花期降雨影响桃树授粉受精。我国南方一些地区，桃树花期（3 月份）常遇连续阴雨，不但昆虫活动受到影响，而且花药不能正常开裂，导致授粉不充分，结果不良。此时辅以人工授粉可以提高坐果率。

2. 人工授粉　对于无花粉品种，在配置授粉品种、培养中庸树势和适宜结果枝的基础上，还要进行人工授粉。对于有花粉的品种一般不需要配置授粉树或进行人工授粉。但是，曙光油桃在福建省表现为自花结实力较低，需配置授粉品种或进行人工授粉。

（1）采花蕾　选择生长健壮、花粉量大、花期稍早于无花粉品种的桃树品种，摘取含苞待放的花蕾（气球期）。采花蕾既不能太早，也不能太迟。采得太早，花粉粒还未形成好；采得太迟，花粉已散开。

（2）制粉　从花蕾中剥出花药，用细筛筛一遍，除去花瓣和花丝等杂质。将花药薄薄地铺在表面比较光亮的纸（如挂历纸等）上，置于室内阴干，室内要求干燥、通风、无尘、无风。24 小时左右，花药自动裂开，花粉散出。将花粉装入棕色玻璃瓶中，放在冰箱冷藏室内贮存备用。注意花粉不要在阳光下暴晒或在锅中炒，以免失去活力。

（3）授粉　授粉时间宜在初花期至盛花期进行。采用人工点授的方法，用容易粘着花粉的橡皮头、软海绵或纸捻等蘸上花粉，点授位于花中央的柱头，逐花进行。授粉时应当授刚开（白色）的花，变红的花其柱头接受花粉的能力已下降。对于长果枝（大于 40 厘米的未短截的果枝），应授其中、上部的花。上午可授前 1 天晚上和上午开的花，下午授上午和下午开的花。一天内均可进行授粉，全园一般要进行 2～3 次。

3. 蜜蜂授粉　据河北省农林科学院石家庄果树研究所观察，由于无花粉品种花中没有花粉，所以采粉蜜蜂一般不去访问，只有采蜜的蜜蜂才去访问，而采蜜的蜜蜂其身上及腿部不粘着花粉，所以授粉效果较差。据试验，只有将蜜蜂数量扩大到有花粉桃园的2～3倍或以上时才能取得较好效果。

蜜蜂活动较易受气候好坏的影响，如气温在14℃以下，几乎不能活动，在21℃活动最好，有风则不利于蜜蜂活动访花，风速在每秒钟11.2米时就停止活动，降雨也影响蜜蜂活动。

（二）疏花疏果

1. 疏花疏果的好处

（1）增加单果重　桃树品种大多坐果率高，如果不疏果，则果个较小，即使产量高，也不能获得高的效益。

（2）提高果实品质　疏花疏果既可以增加外在品质（果实颜色和果形等），也可增加内在品质（可溶性固形物含量、香味、营养成分和可食率等）。

（3）使树体营养平衡，保证合适的枝果比和叶果比　疏果后，树体可以在结果的同时，当年抽生出适宜的枝条，一方面制造营养物质满足当年果实和枝叶生长的需要，另一方面还可抽生出翌年适宜的结果枝。如果不进行疏果，结果太多，则果树不能抽生出供当年制造营养和翌年结果用的结果枝。

2. 疏花疏果的时期

（1）疏花时期　疏花是在开花前至整个开花期进行。对无花粉品种及处于易受晚霜、风沙和阴雨等不良气候影响地区的桃树，一般不进行疏花。

（2）疏果时期　疏果的时间与花后温度高低有关，花后气温低时宜晚疏果，反之则早疏。坐果率高或大小果表现较早的品种可以早疏，坐果率低或大小果表现较晚的品种则要适当晚疏。

桃疏果宜分2次进行。第一次疏果一般在落花后15～20天，能辨出大小果时进行。留果量为最后留果量的2～3倍。第二次疏果即定果,定果时期是在完成第一次疏果之后就开始,在花后1个月左右进行,硬核之前结束。

3. 疏花疏果的方法及留花、留果量

(1)疏花方法　疏去晚开的花、畸形花、朝天花和无枝叶的花。要求保留结果枝上中部的花,疏花量一般为总花量的1/3。

(2)疏果方法　疏果时疏除短圆形果,保留长圆形果,因为长形果将来长成的果实较大。疏除朝天果,保留侧生果,并生果去一留一。疏除小果、萎黄果、畸形果和病虫害果。采用长枝修剪时,疏除长果枝基部的果,保留中上部的果。留果数量要考虑果实大小,一般长果枝留果3～5个(大中型果留3个,小型果留4～5个)、中果枝留1～3个(大中型果留1～2个,小型果留2～3个)、短果枝留1个或不留(大中型果每2～3个果枝留1个果,小型果每1～2个短果枝留1个果)。也可根据果间距进行留果,果间距为15～25厘米,具体依果实大小而定。留果量与树体部位及树势有关。树体下部的结果枝少留果,上部的结果枝要适当多留果,以果控制旺长,达到均衡树势的目的。树势强,多留果;树势弱,则少留果。

(3)留果量　南方桃产量较低,一般为1 500千克/667米^2,高者2 000千克/667米^2,但其品质好,一般可溶性固形物含量为12%～14%,有的甚至在15%以上。北方桃产量高,产量一般为2 000～3 000千克/667米^2,高者达4 000千克/667米^2,但其品质较差,可溶性固形物含量仅为10%～12%。为了提高桃内在品质,建议北方桃产区把产量控制在2 000～2 500千克/667米^2。

(三)果实套袋

1. 果实套袋的优点

(1)提高果品质量　套袋可以明显改善果面色泽,使果面干净、鲜艳,提高果品外观质量。例如,燕红桃,果面为暗紫红色,经过套袋变为粉红色，色泽艳丽。对于不易着色的晚熟品种，如中华寿桃、晚蜜等，经过套袋果实可全面着色，艳丽美观，果实表面光洁，深受消费者喜爱。

(2)减轻病虫危害及果实农药残留　果实套袋可有效防止食心虫(梨小食心虫和桃蛀螟等)、椿象、桃炭疽病、褐腐病的危害，提高优质果率，减少损失。同时，套袋给果实创造了良好的小气候，避开了与农药的直接接触，使果实中的农药残留明显减少，已成为生产安全果品的主要手段。

(3)防止裂果　由于果实发育期长，一些晚熟品种果实长期受不良气候因素、病虫害、药物的刺激和环境影响，表面老化，尤其在果实进入第三生长期时，果皮难于承受内部生长的压力，易发生裂果。据调查，中华寿桃一般年份的裂果率达 30%，个别年份高达 70%。如对其进行套袋，则可以有效地防止裂果，裂果率可降低到 1%。

(4)减轻和防止自然灾害　近几年，自然灾害发生频繁，如夏季高温、冰雹等在各地时有发生，给桃树生产带来了一定损失。试验证明，对果实进行套袋，可有效防止果实日灼，并可减轻冰雹危害。

但是，果实套袋会降低果实的内在品质，主要表现为果实的可溶性固形物含量下降、香味变淡，且增加了生产成本。

2. 果实袋分类

(1)按层数划分　按层数划分可以分为单层袋、双层袋和三层袋。单层又可分为白色、浅黄色、黄褐色、黑色和灰褐色，双层分为外灰内黑、外黄内黑、外花内黑、外灰黄内黑、外黄内白和外白内黄等。

(2)按材料划分　按制作材料可以分为纸袋和塑料袋，纸袋又分为报纸袋、新闻纸袋和牛皮纸袋等。有的三层袋中有无纺布。

(3)其他分类　按透光性分为透光袋与遮光袋。按纸袋上是否有蜡层分涂蜡袋和非涂蜡袋。

套袋用纸不宜用报纸，因为报纸有油墨及铅的污染，果实外观易受影响，所以套袋要采用专用纸袋。近几年我国各地相继推出了不同类型的果实袋，各地可以先试验，待成功后再选择效果较好的袋型。

3. 果实袋的选择　纸袋的选择应根据品种特性和立地条件灵活选用。一般早熟品种、易于着色的品种或设施栽培的品种使用白色或黄色袋，晚熟品种用橙色或褐色袋，极晚熟品种使用深色双层袋（外袋外灰内黑，内袋为黑色）。经常遇雨的地区宜选用浅色袋，难以着色的品种要选用外白内黑的复合单层袋或外层为外白内黑的复合单层纸、内层为白色半透明的双层袋。晚熟桃如中华寿桃用双层深色袋最好。

4. 适宜套袋的品种

（1）自然情况下着色不鲜艳的晚熟品种　有些品种在自然条件下，可以着色，但是不鲜艳，表现为暗红色或深红色，如燕红等。

（2）自然情况下不易着色的品种　有些品种在自然条件下，基本不着色，或仅有一点红晕，如深州蜜桃、肥城桃等。

（3）易裂果的品种　自然条件下或遇雨条件下易发生裂果，如中华寿桃、燕红、21世纪、华光及瑞光3号等。南方套袋主要是防止裂果，一般对早、中、晚熟油桃品种均进行套袋。

（4）加工制罐品种　自然条件下，由于太阳光照射，果肉内部易产生红色素，影响加工性能，常见品种有金童系列。

（5）其他品种　由于套袋果实价格高，果农在一些早熟或中熟品种上也进行套袋，如早露蟠桃和大久保等。

5. 套袋的方法

（1）套袋时间　套袋在定果后进行，时间应掌握在主要蛀果害虫入果之前，石家庄地区大约在5月下旬开始。套袋前喷1次杀虫杀菌剂。不易落果的品种、早熟品种及盛果期树先套，易发生落果的品种及幼龄树后套。套袋宜选择晴天进行，应避开高温、雾天，更不能在幼果表面有露水时套袋，适宜时间为上午 9～11 时和下午 3～6 时。试验证明，南方湖景蜜露桃应适当推迟套袋，宜在果实迅速膨大之前(约 6 月 10 日前)进行，“入梅”前结束。深州市果农对深州蜜桃进行套袋的时间也推迟到了 6 月份，因为过早套袋容易出现落果现象。

(2)*套袋方法*　套袋前将整捆果袋放于潮湿处，使之返潮、柔韧。选定幼果后，小心地除去附着在果实上的花瓣及其他杂物，左手托住纸袋，右手撑开袋口，或用嘴吹开袋口，使袋体膨起，袋底两角的通气放水孔张开；手执袋口下 2～3 厘米处，袋口向上或向下套入果实，套入果实后使果柄置于袋的开口基部(不要将叶片和枝条装入果袋内)；从袋口两侧依次按折扇方式折叠袋口于切口处，将捆扎丝扎紧袋口于折叠处，于线口上方从连接点处撕开将捆扎丝返转 90°，沿袋口旋转 1 周扎紧袋口，防止纸袋被风吹落。注意一定要使幼果位于袋体中央，不要使幼果贴住纸袋，以免灼伤。另外，树冠上部及骨干枝背上裸露果实应少套，以避免日灼。果树套袋顺序是先上后下，从内到外，防止遗漏。无论绳扎或铁丝扎袋口均需扎在结果枝上，扎在果柄处易造成压伤或落果。

(3)*解袋时间*　因品种和地区不同而异。鲜食品种采收前摘袋，有利于着色。硬肉桃品种于采前 3～5 天摘袋，软肉桃品种于采前 2～3 天摘袋。不易着色的品种，如中华寿桃摘袋时间应在采前 10 天摘袋效果最好。摘袋宜在阴天或傍晚时进行，以免桃果受阳光直射而发生日灼，也可在摘袋前数日先把纸袋底部撕开，使果实先接受散射光，逐渐将袋体摘掉。用于罐藏加工的桃果，为减少果肉内色素的产生，可以带袋采收，采前不必摘袋。果实成熟期间雨水集中的地区，裂果严重的品种也可不解袋。梨小食心虫发生较重的地区，果实解袋后，要尽早采收，否则遇上梨小食心虫产卵高峰期，还会受虫害。

6. 套袋后及解袋后管理　一般套袋果的可溶性固形物含量比不套袋果有所降低，在栽培管理上应采取相应措施，提高果实可溶性固形物含量。主要措施有如下3个方面。

（1）增施有机肥和磷、钾肥等　尽量少施或不施氮肥，增加有机肥和磷、钾肥的施用量，可以提高果实品质，尤其是可溶性固形物含量。

（2）适度修剪　摘袋前后，疏除背上枝和内膛徒长枝，增加光照强度，促进果实着色和糖分积累。

（3）适度摘叶　摘袋后，要及时摘除影响果实着色的叶片。

（四）地面铺反光膜

桃园铺设反光膜既可促进果实着色，提高果实品质，又可调节果园小气候，此法已开始在生产中应用。

1. 反光膜的选择　反光膜宜选用反光性能好、防潮、防氧化和抗拉力强的复合性塑料镀铝薄膜，一般选用聚丙烯、聚酯铝箔或聚乙烯等材料制成的薄膜。这类薄膜反光率一般可达60%～70%，使用效果比较好，可连续使用3～5年。

2. 铺设方法

（1）时间　套袋园一般在去袋后马上铺膜，没有套袋的果园宜在果实着色前进行。

（2）准备工作　清除地面上的杂草、石块和木棍等。用铁耙把树盘整平，略带坡降，以防积水。套袋果园要先去袋后铺膜，并进行适当的摘叶。对树冠内膛郁闭枝、拖地的下垂枝及遮光严重的长枝可适当进行回缩和疏除修剪，以打开光路，使更多的光能够反射到果实上，提高反光膜的反射效率。

（3）具体方法　顺着树行铺，铺在树冠两侧，反光膜的外缘与树冠的外缘对齐。铺设时，将整卷的反光膜放于果园的一端，然后倒退着将膜慢慢地滚动展开，并随时用砖块或其他物体压膜，并防止风吹膜动。用泥土压膜时，将土壤事先装进塑料袋中，可使反光膜保持干净，提高反光效果。铺膜时要小心，不要把膜刺破。一般铺膜面积为 300～400 米^2/667 米^2。

(4)铺后管理　反光膜铺上以后，要注意经常检查，遇到大风或下雨天气，应及时采取措施，把刮起的反光膜铺平，将膜上的泥土、落叶和积水清理干净，以免影响效果。采收前将膜收拾干净后妥善保存，以备翌年再用。

(五)地面覆膜

在我国南方地区采用地面覆膜可以降低果实裂果，提高果实品质。主要方法是在花期顺行铺设 0.018 毫米厚的无色透明地膜，四周及接缝处用土压紧密闭。此法可以有效提高地温，改善树冠下部光照条件。由于覆膜既可直接阻止雨水大量渗入土壤中，天气晴时又可以减少土壤水分大量蒸发，使土壤中的水分保持相对稳定，从而可以显著降低裂果率。

(六)摘　叶

摘叶就是摘除遮挡果面着色的叶片，是促进果实着色的技术措施。摘叶的方法是：左手扶住果枝，右手大拇指和食指的指甲将叶柄从中部掐断，或用剪刀剪断，而不是将叶柄从芽体上撕下。在叶片密度较小的树冠区域，也可直接将遮挡果面的叶片扭转到果实侧面或背面，使其不再遮挡果实，达到果面均匀着色的目的。

(七)减轻桃果实裂果的措施

1. 水分管理　油桃对水分较敏感，在水分均衡的情况下裂果轻，所以油桃果园一定要重视排灌设施，做到旱时浇、涝时排；保持果园水分的相对稳定，切忌在干旱时浇大水。

2. 果实套袋　实行套袋栽培是防止裂果最有效的技术措施。

3. 增施有机肥　增施有机肥可以改善土壤物理性能，增强土壤的透水性和保水力，使土壤供水均匀，减轻裂果。

4. 加强病虫害防治　果实受病虫害危害（尤其是蚜虫）后，会引起裂果，因此要加强病虫害防治。

5. 合理负载　严格进行疏花疏果，提高叶果比，促进果树光合作用，改善其营养状况，可减少裂果发生。

6. 合理修剪　幼龄树修剪以轻为主，重视夏剪，使树冠通风透光，促进花芽形成。冬剪以轻剪为主，采用长枝修剪。幼龄树重剪会引起营养失调，加重裂果。

7. 适时采收　有些品种，尤其是油桃品种，成熟度较大时，易发生裂果。枝头附近的果实较大，更易于裂果，要及时采收。

（八）减轻桃果实裂核的措施

1. 科学施肥　多施有机肥，尽可能提高土壤有机质含量，改善土壤通透性。增施磷、钾肥，控制氮肥施用量。大量元素肥料氮、磷、钾和微量元素铁、锌、锰、钙等合理搭配，尤其要增施钙素肥料。

2. 合理灌水　及时排水。桃硬核期，20 厘米处的土壤手握可成团、松手不散开为水分适宜，这时应该进行控水。遇连阴雨天气，应加强桃园排水。推广滴灌、喷灌和渗灌技术，避免大水漫灌。

3. 加强夏季修剪　通过夏剪调节枝叶生长和叶果比，使树体结构良好，枝组强壮，配备合理，树冠通风透光。夏剪最好每月进行 1 次。

4. 适时疏花疏果，合理负载　对于坐果率较低的品种，最好不疏花，只疏果，推迟定果时间。对坐果较高的品种，花期先疏掉 1/3 的花，硬核期前分 2 次疏果。过早疏花疏果，会使营养过剩，造成果实快速增长而裂核，因此应适时疏花疏果，合理负载，以减少大果和特大果裂核的发生。

5. 避免依靠大肥大水催生大型果和特大型果 果树应依据其品种特点，生长相应大小的果实。有的果农既追求高产，又追求大果，所以就在果实生长后期采用大肥（化肥，尤其是氮肥）大水的方法，多次浇水，反而增加了果实裂核率。

（九）果实采收

1. 采收期 桃果实的大小、品质、风味和色泽是在树上发育过程中形成的，采收后基本上不再有提高。如果采收过早，则果实不能达到应有的大小，产量低，果实着色较差，同时果实风味偏淡。如果采收过晚，则果实过于柔软，易受机械伤害，腐烂多，不耐贮运，并且含酸量急剧下降，风味品质变差，采前落果也增加。果实成熟期的判断可从以下几点考虑。

（1）*果实发育期及历年采收期* 每个品种的果实发育期是相对稳定的，但果实成熟期在不同的年份也有变化，这与开花期早晚以及果实发育期间温度高低等有关。

（2）*果皮颜色的变化* 以果皮底色的变化为主，辅以果实彩色。底色由绿色至黄绿色或乳白色或橙黄色。

（3）*果肉颜色的变化* 黄肉桃由青转黄，白肉桃由青转乳白色或白色。

（4）*果实风味* 果实内淀粉转化为糖，含酸量下降，单宁减少，果汁增多，果实有香味，表现出品种固有的风味。

（5）*果实硬度与成熟度* 果实成熟时，细胞壁的原果胶逐渐水解，细胞壁变薄，溶质桃果肉变软，不溶质桃果肉有弹性，可通过测量硬度判断果实成熟度。

桃果实适宜采收期要根据品种特性、用途、市场远近、运输和贮藏条件等因素来确定。目前，生产上将桃的成熟度分为以下等级，供参考。

①七成熟　果实充分发育，果面基本平整，果皮底色开始由绿色转黄绿色或白色，茸毛较厚，果实硬度大。

②八成熟　果皮绿色大部褪去，茸毛减少，白肉品种呈绿白色，黄肉品种呈黄绿色，有色品种开始着色，果实硬度仍较大。

③九成熟　绿色全部褪去，白肉品种底色呈乳白色，黄肉品种呈浅黄色，果面光洁、丰满，果肉弹性大，有芳香味，果面充分着色。

④十成熟　果实变软，溶质桃柔软多汁，硬溶质桃开始发软，不溶质桃弹性减小。这时桃硬度已小，易受挤压。

一般距市场较近的果园，宜在八九成熟时采收。距市场远的果园，需长途运输，可在七八成熟时采收。溶质桃宜适当早采收，尤其是软溶质的品种。供贮藏用的桃，一般在七八成熟时采收。

在南方地区，瑞光 22 号、瑞光 23 号果实果顶先熟，果面开裂后易感染炭疽病，往往会引起烂果，因此应适当提前采收。

2. 采收方法　先要根据大致的产量，安排和准备好采收所需人力、设施、工具及场地等。

桃果实硬度低，采收时易划伤果皮，所以采摘人员应戴好手套或剪短指甲。采果顺序应从外到内，由下到上。采收时要轻采轻放，不能用手指用力捏果实，而应用手托住果实微微扭转，顺果枝侧上方摘下。对果柄短、梗洼深、果肩高的品种，摘时不能扭转，而是全手掌轻握果实，顺枝向下摘取。蟠桃底部果柄处易撕裂，采时尤其要注意。另外，最好带果柄采收。对于充分成熟的软溶质水蜜桃，皮薄肉软，可以带袋采收，采收时先用手托住套袋的桃果，再将桃子向枝条一侧轻轻一扳，即可连套袋一起摘下。采果不宜在下雨或露水未干时进行，否则果面易引起腐烂，一般宜在晴天晨露已干后采收。

果实在树上成熟不一致时，要分批采收。采果的篮子不宜过大，篮子内须垫以海绵或麻袋片。

(十)包　装

为了防止运输、贮藏和销售过程中果实的互相摩擦、挤压和碰撞而造成果实损伤和腐烂,采收和分级后必须妥善包装。包装容器必须坚固耐用,清洁卫生,干燥无异味,且内外均无刺伤果实的尖突物,对产品具有良好的保护作用。包装内不得混有杂物,以免影响果实外观和品质。包装材料及制备标记应无毒性。

1. 内包装　通常为衬垫、铺垫、浅盘、各种塑料包装膜、包装纸及塑料盒等。其中最适宜的内包装是聚乙烯等塑料薄膜,它可以保持湿度,防止水分散失,增加贮藏时间。

2. 外包装　桃外包装以纸箱较合适,可用扁纸盒包装,箱子要低,一般每箱装 1 层,隔板定位,或盒底采用聚氯乙烯或泡沫塑料压制成的凹窝衬垫,每个窝内放一个果,每个果用塑料网套套好以防挤压,每盒装 8～12 个。箱边应有通气孔,确保通风透气,装箱后用胶带封好。此外,也有 2 果装、4 果装和 6 果装等更小的包装。

第四章　桃树病虫害综合防治

一、南方桃病虫害发生特点

与北方相比，南方桃病虫害有如下特点。

（一）病害种类多

南方桃产区病害有桃缩叶病、桃白锈病、桃褐腐病、桃疮痂病、桃流胶病、桃炭疽病、桃根癌病、桃细菌性穿孔病和桃腐烂病等。北方仅在雨水多时有桃褐腐病和疮痂病等发生。北方桃园很少有桃缩叶病和桃白锈病等发生。

（二）发病时间较长，发生程度重

由于雨水较多，持续时间较长，病害发生时间较长，发生程度重。尤其是果实病害（桃炭疽病、桃褐腐病和疮痂病）和主干病害（流胶病）发生严重程度远远超过北方桃产区。

（三）早熟品种也易染病

在南方桃产区，早熟品种雨花露常见果实病害有炭疽病和褐腐病，4～5 月份为炭疽病高发期，雨后 1～2 天即暴发。早熟品种春美桃果实也感染疮痂病和褐腐病。在北方早熟桃基本上没有病害发生。

(四)油桃易感染炭疽病

在南方桃产区,油桃与其他类型桃相比,果实易感染炭疽病。瑞光22号、瑞光23号果实果顶先熟,果面开裂后易感染炭疽病。

(五)油桃果实易受蜗牛危害

南方地区雨水较多,蜗牛容易上树危害果实。

(六)虫害发生与北方相似

主要虫害包括桃蛀螟、梨小食心虫、红颈天牛、桃蚜、红蜘蛛、金龟子、桃潜叶蛾、桑白蚧、球坚蚧、梨网蝽、刺蛾和蚱蝉等。与北方发生种类基本相似,只是发生程度在不同年份和地区有所差异。

二、桃树病虫害预测预报

(一)桃树虫害预测预报

1. 物候法 有些桃树虫害的发生与物候期有着密切的关系,可以依据物候期发生的早晚来预测害虫发生的时期。如桃树蚜虫与桃树萌芽期有密切的关系,其在桃树萌芽前后开始发生,之后迅速繁殖。

物候预测预报具有简单易行的特点,但害虫实际发生情况还受气候条件和天敌等因素的影响,因此在实际应用中还应综合考虑。

2. 田间观察法 在对某一害虫的虫态、虫口基数等进行田间调查的基础上,根据此害虫的发生规律,结合天气信息,对其发生时间和数量进行预测预报。

田间观察常采用五点式取样法进行调查，即按对角线取5株树作为取样点，每天对这5个取样点进行害虫发生情况调查。桃园的面积越大，取样点越多，代表性越强。

桃树果实受到害虫危害就会失去经济价值，因此田间观察法仅适用不直接危害桃果的害虫，如桃树蚜虫和红蜘蛛等。

3. 黑光灯法　黑光灯法是根据害虫的趋光性进行预测预报。通过在田间设置黑光灯诱捕成虫，根据不同时期诱捕的成虫数量与雌雄性比等参数，结合成虫的产卵及卵孵化所需时间，预测幼虫孵化高峰日期。此方法适用于桃蛀螟和卷叶蛾等趋光性较强的害虫。

（1）黑光灯的设置　常用20瓦或40瓦的黑光灯管作为光源，在灯管下接一个水盆或大广口瓶，瓶中放入水并加入适量农药，以杀死掉进的害虫。

（2）注意事项　黑光灯悬挂时间宜早，应在害虫出蛰后开始活动前悬挂，河北省石家庄市的悬挂时间约为3月中下旬。黑光灯悬挂高度应略高于桃树树冠，但不能过高，以免招来桃园以外的其他害虫危害桃树。

4. 信息素法　信息素法就是利用人工合成的害虫性信息素来诱捕害虫雄虫，通过记录每天诱捕的虫数，观察害虫发生高峰期，并结合天气信息，预测幼虫产卵和孵化时间，指导防治害虫。多种害虫性成熟后，雌成虫通过释放性信息素作为传递信息，吸引雄虫交配。此法适用的桃树害虫有梨小食心虫、桃小食心虫和桃潜叶蛾等。

（1）诱捕器的种类　诱捕器的种类很多，目前使用的诱捕器主要通过两种方式将诱集到的成虫杀死。一种是在诱捕器上涂粘胶诱杀，将黏性好、不易干的粘胶涂在硬纸板或塑料板上，制成诱捕器，如船形、三角形等。此类诱捕器使用方便，但费用较高。另一类诱捕器可以使用水盆、瓷碗和桶等，在其中加入足量水，将虫子引诱到水中将其杀死，此类型材料易得，费用少，效果好，但是不如粘胶诱捕器方便，且需要经常补充蒸发的水。

(2)诱捕器的制作方法

①三角形诱捕器的制作　可用厚0.1厘米的纸板，制成长50厘米、宽28厘米的长方形，再把长边两边折起15厘米，底宽20厘米，并在顶部两侧打两个对应的小眼，合起两侧，用细铁丝（直径1毫米）穿入两侧的小眼，固定好顶部，做成等腰三角形。三角形内部底面涂胶，或放入涂好胶的胶板。诱芯从中缝挂入，底缘离胶面1～2厘米为宜。诱捕器悬挂高度为1.3～1.5米即可。

②水盆诱捕器的制作　选择直径20厘米的水盆，用一细铁丝穿一个诱芯，悬置于水盆中央，并固定好，水盆内加入水，并加入1%洗衣粉。水面距诱芯底缘1～1.5厘米，诱捕器悬挂高度为1.5米。为防止水盆摇晃，可以制作一个1.5米高的支架，并将水盆固定在支架上。

(3)诱捕器放置时间、数量及高度　应在成虫的越冬代成虫羽化开始前放置，如梨小食心虫。河北省石家庄市约在3月中下旬开始放置，诱捕器一般在园内均匀放置，诱捕器间距50米（诱芯的有效范围），悬挂高度为1.5米左右。

5. 糖醋液法　糖醋液法是根据害虫的趋化性进行预测预报。糖醋液一般由绵白糖、乙酸（醋）、无水乙醇（酒）和水配制而成，又称为糖醋酒液。在桃园中，对糖醋液有强烈趋性的害虫如梨小食心虫、桃蛀螟、卷叶蛾、白星花金龟和桃红颈天牛等，可以应用糖醋液法进行预测预报。糖醋液配制比例因诱捕害虫种类而异。目前，对梨小食心虫较好的配方是：绵白糖、乙酸（分析纯）、无水乙醇（分析纯）及自来水的比例为3∶1∶3∶80。

诱捕器可以选用水盆等容器，将配制好的糖醋液倒入诱捕器中即可。诱捕器悬挂高度为1.5米，诱捕器数量因桃园面积而定，一般诱捕器之间的距离以10米为宜。每天定时观察诱捕器内诱捕到的害虫数量，并进行记录，当诱捕到的某一害虫数突然增多，并持续2～3天或以上，即为此害虫的成虫发生高峰期，可将此作为确定化学防治时间的依据。

（二）桃树病害预测预报

桃树病害发生初期，分生孢子虽已侵染发病部位，但没有明显症状，一旦表现出可以观察到的症状时，已经造成了不可逆转的损失。所以，病害应以防为主，预测预报也就显得更加重要。常见的预测预报有经验法、田间调查法和孢子捕捉法。

1. 经验法　经验法是指在对某种病害发生规律进行长期观察并非常了解的基础上，依据多年的经验，对某一病害的发生趋势做出预测。

2. 田间调查法　通过对病害发生情况和田间温、湿度情况的定期、定点调查，结合往年病害发生情况，预测病害发生趋势。田间调查的内容主要包括两个方面：一是调查桃园内环境因子，如温湿度等；二是调查病害的发生情况。调查点一般采用对角线五点取样法。

3. 孢子捕捉法　此法多用于科研单位，此处不做详述。

三、桃树病虫害综合防治方法

（一）农业防治

农业防治是综合防治的基础。可以通过一系列的栽培管理技术，或人工方法，或是改变有利于病虫害发生的环境条件，或是直接消灭病虫害，农业防治包括：①刨树盘。②加强地下管理，合理负载，保持健壮的树势，提高树体抗病能力。③清扫枯枝落叶。

④刮除树皮。⑤及时剪除危害部位。⑥增加果园植被，改善果园生态环境，如果园生草、种植驱虫作物、种植诱杀害虫作物。⑦树干绑缚草绳，诱杀多种害虫。⑧人工捕虫与钩杀。⑨选择无病虫苗木。⑩果实套袋。

（二）物理防治

物理防治是根据害虫的习性所采取的防治害虫的机械方法。

1. 振频式杀虫灯诱杀 用杀虫灯作光源，在灯管下接一个水盆或大广口瓶，瓶中放些毒药，以杀死掉进的害虫。此法可诱杀许多趋光性强的害虫，如桃蛀螟和卷叶蛾等。

2. 糖醋液诱杀 许多成虫对糖醋液有趋性，因此可利用该习性进行诱杀，如梨小食心虫、卷叶蛾、桃蛀螟、红颈天牛和金龟子等。

（1）糖醋液配制 配方一：红糖、醋、水的比例为 5∶20∶80。配方二：红糖、醋、酒、水的比例为：1∶4∶1∶162。将配好的糖醋液放置容器内（瓶和盆），以占容器体积 1/2 为宜。配方三：绵白糖、乙酸（分析纯）、无水乙醇（分析纯）及自来水的比例为 3∶1∶3∶80。

（2）糖醋液使用 将配制好的糖醋液盛在水碗或水罐内即制成诱捕器，将其挂在树上，1 株树挂 1～2 个即可。每天或隔天清除死虫，并补足糖醋液，可每次记录诱杀的数量。害虫多时，3 天即可填满诱捕器，记录并清除害虫，更换新的糖醋液。每次须将废弃糖醋液埋入土中，不能随意泼洒。

（3）性外激素诱杀 招引雄成虫来交配的一类人工合成的化学物质称为性外激素。在自然界中，雌性昆虫可以分泌雌性激素引诱雄性成虫来交配。在人工条件下，合成类似雌性激素的化学物质，可以用来引诱雄性成虫。桃树上性外激素诱杀法可适用于梨小食心虫、桃潜叶蛾和桃蛀螟等。

(三)生物防治

果园中害虫天敌主要是捕食性瓢虫、草蛉、蓟马、食蚜蝇、捕食螨、小花蝽、蜘蛛类、鸟类等。保护害虫天敌可恢复果园中的生态平衡,达到持续控制害虫的目的。在喷药较少的桃园中,这些天敌控制害虫的效果非常显著。保护天敌最有效的措施是减少喷施农药,尤其是剧毒农药。方法如下:①保护果园内的植物多样性,提倡实行自然生草管理的栽培措施。②果园种草。③保护天敌。④天敌灭虫。在桃树生长前期(6月份以前)以小花蝽、草蛉、瓢虫、蓟马和蜘蛛等捕食性天敌为多,尽量少喷或不喷施广谱性杀虫剂。7月份以后,捕食螨即成为果园的主要天敌类群。⑤科学合理用药。尽量用低毒的农药品种,在施用时注意采用对天敌和环境影响较小的施药方法,如采用对靶喷药和点片用药等。

(四)化学防治

1. 交替用药　防治病虫害不要长期单一使用同一种农药,应尽量选用作用机制不同的农药品种,如杀虫剂中的拟除虫菊酯、氨基甲酸酯、昆虫生长调节剂以及生物农药等,交替使用;也可在同一类农药中不同品种间交替使用。杀菌剂中内吸性、非内吸性和农用抗生素交替使用,可明显延缓病虫害抗药性的产生。

2. 混用农药　将2～3种不同作用方式和机制的农药混用,可延缓病虫抗药性的产生和发展速度。农药能否混用,必须符合下列原则:一是要有明显的增效作用;二是对植物不能产生药害,对人、畜的毒性不能超过单剂;三是能扩大防治对象;四是降低成本。混配农药也不能长期使用,否则同样会产生抗药性。

3. 重视桃树发芽期的化学防治　桃树萌芽期,在桃树上越冬的大部分害虫已经出蛰,开始在芽体上危害。此时喷药有以下优点：一是大部分害虫暴露在外面，又无叶片遮挡，容易接触药剂；二是经过冬眠的害虫，体内的大部分营养已被消耗，虫体对药剂的抵抗力明显降低，触药后易中毒死亡；三是天敌数量较少，喷药不影响其种群繁殖；四是省药、省工。

4. 桃树生长前期不用或少用化学农药 桃树生长前期（6月份以前）是害虫发生初期，也是天敌数量增殖期。在这个时期喷施广谱性杀虫剂，既消灭了害虫，也消灭了天敌，而且消灭害虫的比率远远小于天敌，从而导致天敌一蹶不振，其种群数量在桃树生长期难以恢复。

5. 推广使用生物杀虫剂和特异性杀虫剂 目前，我国在果树害虫防治上用得较多的生物杀虫剂主要有阿维菌素、华光霉素、浏阳霉素、苏云金杆菌（Bt）和白僵菌等。

6. 选择使用适宜的低毒化学农药，严格使用次数 生产无公害果品和A级绿色食品，允许使用低毒化学农药，但对施药方法和次数应严格按照规定执行。

7. 改变使用方法 化学农药的主要使用方法是喷雾，根据害虫的生物学习性，采用地面施药、树干涂药等减少对目标害虫的影响。地面施药法已成为防治桃小食心虫的主要措施。树干涂药法是防治刺吸式口器害虫的有效方法。

（五）植物检疫

植物检疫是贯彻“预防为主、综合防治”的重要措施，即凡是从外地引进或调出的苗木、种子、接穗等都应进行严格检疫，防止危险性病虫害的扩散。

四、桃树病虫害的分类

按照危害部位、危害的虫态、越冬场所和越冬虫态等进行分类，有助于了解病虫的生物学特性，从而制定相应的防治措施。

（一）按危害部位分类

1. 仅危害一个部位

（1）叶部　主要虫害有红蜘蛛、卷叶蛾、潜叶蛾和一点叶蝉等。危害叶片的害虫一般比较容易防治。

（2）果实　主要虫害有桃蛀螟、茶翅蝽和白星花金龟子等。

（3）花器官　主要有苹毛金龟子等。

（4）茎部（主干、主枝和枝条）　主要病虫害有红颈天牛、黑蝉、溃疡病、桑白蚧、球坚蚧和桃小蠹等。

（5）根部　主要病害有根癌病和根腐病等。危害根部的病害一般不易防治。

2. 危害两个或两个以上部位

（1）果实和叶片　主要有绿盲蝽。

（2）新梢与果实（以果实为主）　主要有梨小食心虫。

（3）叶片、花、果实（以叶片和花为主）　主要有蚜虫。

（4）果实、叶片和新梢（以果实为主）　主要有桃炭疽病、疮痂病和白粉病等。

（5）大枝、新梢、果实（以大枝为主）　主要有流胶病。

（6）果实、叶片、大枝　主要有蜗牛。

（7）地上和地下部位　主要指生理性病害。其中，黄化病主要表现在叶片、枝条、新梢和花等，同时根系生长也受到影响。

（二）按危害的虫态分类

1. 成虫　主要有蚜虫、山楂红蜘蛛、二斑叶螨、茶翅蝽、苹毛金龟子、大青叶蝉、黑绒金龟子、黑蝉和白星花金龟子等。

2. 幼虫　主要有梨小食心虫、红颈天牛、潜叶蛾、桃蛀螟、桃绿吉丁虫和桃小蠹等。

3. 若虫和成虫 主要有桑白蚧和绿盲蝽等。

(三)按越冬场所分类

1. 树皮裂缝 主要有山楂红蜘蛛、二斑叶螨、梨小食心虫、大青叶蝉和苹小卷叶蛾等。

2. 枝条芽腋间和裂缝处 主要有蚜虫等。

3. 树干蛀道内 主要有红颈天牛、桃绿吉丁虫和桃小蠹等。

4. 枝干外表 主要有桑白蚧和球坚蚧等。

5. 土壤中 主要有白星花金龟子、苹毛金龟子、桃小食心虫、黑蝉、黑绒金龟子和红蜘蛛(近树干基部的土块缝)等。梨小食心虫也有少量在土壤中越冬。

6. 村舍檐下、墙壁缝隙 主要有茶翅蝽。

7. 松柏树及杂草丛中 主要有一点叶蝉。

8. 向日葵花盘、茎秆及玉米、树粗皮裂缝、树洞 主要有桃蛀螟。

9. 作物秸秆堆下面 主要有蜗牛。

(四)按越冬虫态分类

1. 以幼虫越冬 主要有桃红颈天牛、桃绿吉丁虫和白星花金龟子等。

2. 以成虫越冬 主要有桑白蚧、茶翅蝽、红蜘蛛、蜗牛、一点叶蝉、黑绒金龟、苹毛金龟子和蜗牛等。

3. 以卵越冬 主要有蚜虫和大青叶蝉等。

4. 以蛹越冬 主要有潜叶蛾(蛹在茧内越冬)和苹小卷叶蛾等。

5. 以幼虫结茧越冬 主要有梨小食心虫和桃蛀螟等。

6. 以卵、若虫越冬 主要有黑蝉。

7. 以若虫越冬　主要有球坚蚧。

（五）其他分类

1. 按趋光趋化性分类

(1)趋光性强　主要有蚜虫(白光和黄光)、大青叶蝉和黑蝉等。

(2)趋化性强　主要有苹小卷叶蛾、红颈天牛和茶翅蝽(特殊香味)等。

(3)趋光又趋化　主要有梨小食心虫和桃蛀螟等。

2. 按假死性分类　有苹毛金龟子和白星花金龟子等。

3. 按虫口密度分类

(1)虫口密度大　主要有蚜虫、红蜘蛛和桑白蚧等。

(2)虫口密度小　主要有红颈天牛。

4. 按对树体的毁灭性分类

(1)毁灭性大　可导致整株死亡,如红颈天牛和桃绿吉丁虫等枝干害虫。

(2)毁灭性中等　某些根系病害。

(3)无毁灭性　叶和果实的某些病虫害,只是对产量和品质造成影响。

5. 按发生代数分类

(1)1 年 4 代以上　蚜虫(10 代)、红蜘蛛(5～9 代)、二斑叶螨(10 代)、潜叶蛾(6～7 代)、梨小食心虫(4 代以上)、绿盲蝽(4 代以上)、苹小卷叶蛾(3～4 代)和一点叶蝉(3～4 代)等。

(2)1 年 2～3 代　大青叶蝉(3 代)、桑白蚧(2 代)和桃蛀螟(2～3 代)等。

(3)1 年 1 代　黑绒金龟子、桃小蠹、茶翅蝽、白星花金龟子、苹毛金龟子和桃绿吉丁虫(1～2 代)等。

(4)2 年以上发生 1 代　黑蝉(4～5 年)和红颈天牛(2～3 年)等。

五、果园主要害虫天敌种类及其保护利用

(一)果园主要害虫天敌种类和生物学特性

果园主要害虫天敌种类包括:天敌昆虫和蜘蛛(表 4-1)、食虫鸟类(表 4-2)、寄生性天敌(表 4-3)和昆虫病原微生物。

表 4-1　天敌昆虫和蜘蛛种类、寄主及发生代数

	主要种类	捕食寄主	每年代数（华北地区）
瓢　虫	七星瓢虫、异色瓢虫、龟纹瓢虫和多异瓢虫等	桃蚜、桃粉蚜和桃瘤蚜等	4～5
	深点食螨瓢虫、黑襟毛瓢虫和连斑毛瓢虫	山楂叶螨、苹果全爪螨和二斑叶螨等	4～5
	黑缘红瓢虫、红点唇瓢虫、红环瓢虫和中华显盾瓢虫等	朝鲜球蚧、桑盾蚧和东方盔蚧等	1
草　蛉	大草蛉、丽草蛉、中华草蛉、叶色草蛉和普通草蛉等	蚜虫、叶螨、叶蝉、蓟马、介壳虫以及鳞翅目害虫的低龄幼虫和多种卵	3～5
捕食螨	智利小植绥螨、伪钝绥螨、黄瓜新小绥螨、加州新小绥螨和斯氏钝绥螨、西方静走螨、伪新小绥螨东方钝绥螨、胡瓜新小绥螨和巴氏新小绥螨，但以植绥螨为主	山楂叶螨、二斑叶螨等害螨，还能捕食一些蚜虫、介壳虫、蓟马和粉虱等小型害虫	植绥螨一般1年发生8～12代

续表 4-1

	主要种类	捕食寄主	每年代数（华北地区）
食虫椿象	东亚小花蝽、小黑花蝽和黑顶黄花蝽等	蚜虫、叶螨、蚧类以及鳞翅目害虫的卵及低龄幼虫等	小黑花蝽1年发生4代
	猎蝽科的白带猎蝽和褐猎蝽等	蚜虫、叶蝉、椿象和卷叶蛾等	白带猎蝽1年发生1代
食蚜蝇	黑带食蚜蝇、斜斑额食蚜蝇等10余种	以捕食蚜虫为主，也可捕食叶蝉、介壳虫、蛾类害虫的卵和初龄幼虫	黑带食蚜蝇1年发生4～5代
蜘　蛛	三突花蛛	桃粉蚜、桃瘤蚜、桃蚜和山楂叶螨等	2～3
	柔弱长蟹蛛	桃一点叶蝉、蚜虫和潜叶蛾等	1
螳　螂	中华螳螂、广腹螳螂和薄翅螳螂等	蚜虫类、蛾类（桃小食心虫、梨小食心虫）、叶蝉、甲虫类和椿象类等60多种害虫	1

表 4-2　食虫鸟类种类、寄主及捕食量

种　类	主要类型	捕食寄主	捕食量
大山雀	大山雀、沼泽山雀和长尾山雀等，大山雀是最常见的一种	桃小食心虫、天牛幼虫、天幕毛虫幼虫、叶蝉以及蚜虫等	每天可捕食害虫400～500头
大杜鹃	大杜鹃和鹰头鹃，其中以大杜鹃最为常见	取食大型害虫为主，如甲虫和鳞翅目幼虫，特别喜食一般鸟类不敢啄食的毛虫，如天幕毛虫和刺蛾等害虫的幼虫	1头成年杜鹃1天可捕食300多头大型害虫

续表 4-2

种　类	主要类型	捕食寄主	捕食量
啄木鸟	大斑啄木鸟	主要捕食鞘翅目害虫和椿象等	每天可取食1000～1400头害虫幼虫

表 4-3　寄生性天敌种类、寄主及发生代数

种　类	主要类型	寄　主	发生代数
赤眼蜂	松毛虫赤眼蜂、螟黄赤眼蜂、舟蛾赤眼蜂和毒蛾赤眼蜂等。以松毛虫赤眼蜂为主	能寄生400余种昆虫卵，尤其喜欢寄生鳞翅目昆虫卵，如梨小食心虫和刺蛾等	华北地区1年可发生10～14代
蚜茧蜂	桃蚜茧蜂和桃瘤蚜茧蜂	桃蚜、桃瘤蚜	桃瘤蚜茧蜂1个世代需10～12天
寄生蝇	桃树上常见的有卷叶蛾赛寄蝇	梨小食心虫	1年发生3～4代
姬　蜂	梨小食心虫白茧蜂	梨小食心虫	1年发生4～5代
茧　蜂	花斑马尾姬蜂	天　牛	

瓢虫是果园中主要的捕食性天敌，均以成虫在树缝、树根和枯枝落叶等处越冬。草蛉以成虫躲藏于背风向阳处的草丛、枯枝落叶、树皮缝或树洞内越冬。捕食螨以雌成虫在树皮裂缝或翘皮下越冬。食虫椿象以雌成虫在树枝和树干的翘皮下越冬。蜘蛛抗逆能力很强，群落复杂，捕食方式多种多样，可以捕食不同习性的害虫，有的在地面土壤间隙做穴结网，也可捕食地面害虫。螳螂是多种害虫的天敌，具有分布广、捕食期长、食虫范围广和繁殖力强等特点，在植被多样化的果园中数量较多。食虫鸟类在农林生物多

样性中占有重要地位，它与害虫形成相互制约的密切关系，是害虫天敌的一大类群，对控制害虫种群作用很大。

（二）加强对果园主要害虫天敌的保护利用

桃树生长期遭受多种害虫危害，但是捕杀害虫的天敌种类和数量也较多，它是控制害虫种群数量的重要因素。到目前为止，还没有发现一种没有天敌控制的害虫，若长期不合理使用农药及植被单一化，会使天敌数量锐减，导致害虫猖獗。为此，必须采取积极有效措施保护天敌，充分发挥其自然控制作用。

1. 改善果园生态环境　生物多样性是促进天敌丰富的基础。因此，果园周围应种植防护林，园内栽培蜜源植物，果树行间种植牧草或间作油菜和花生等；在果园种植紫花苜蓿等覆盖植物；保护好果园周围的麦田天敌。另外，在果园内种植开花期较长的植物，可吸引寄生蜂、寄生蝇、食蚜蝇和草蛉等飞到果园取食、定居和繁殖。

2. 配合农业措施，直接保护害虫天敌　冬季或早春刮树皮是防治山楂叶螨、二斑叶螨、梨小食心虫和卷叶蛾等害虫的有效措施，但是六点蓟马、小花蝽、捕食螨和食螨瓢虫以及多种寄生蜂均在树皮裂缝或树穴等处越冬，为了既消灭害虫又保护天敌，可采用上刮下不刮的办法，或改冬天刮为春季桃树开花前刮，效果更好。如刮治时间较早，可将刮下来的树皮放在粗纱网内，等到害虫天敌出蛰后再将树皮烧掉。

为了保护果园蜘蛛、小花蝽和食螨瓢虫等天敌，可采用树干基部捆草把或种植越冬作物、园内零星堆草或挖坑堆草等，人为创造越冬场所供其栖息，以便天敌安全越冬。对摘下或剪下的虫果、虫枝、虫叶可收集于大纱网内，因为虫果内的桃小食心虫幼虫常有桃小甲腹茧蜂寄生，梨小食心虫和卷叶蛾危害的虫梢中也有多种寄生性天敌，所以不要将其立即销毁。另外，在果园四周种植乔木和灌木相结合的防护林,或在园内悬挂人工巢箱,创造鸟类栖息和繁殖的场所,可以明显增加果园内益鸟的数量。

3. 使用选择性杀虫剂 农药是防治桃树病虫害必须采取的措施,但是它对天敌的杀伤力轻重不一,因此要选择高效、低毒且对天敌杀伤力较小的农药品种。一般来说,生物源农药对天敌杀伤轻,化学源农药杀伤天敌重。化学源农药对天敌的杀伤力也有较大差异,有机磷和氨基甲酸酯类杀虫剂对天敌毒性最大,其次是菊酯类农药,而昆虫生长调节剂则对天敌较安全。在生物源农药中,微生物农药比较安全,农抗类农药对天敌影响大一些。

此外,还可采用生态选择的方式,调整施药技术,保护天敌。常用的方法:一是改进施药方式。例如,防治蚜虫时,可将树上喷雾改为树干涂药包扎,此法对天敌基本无害。当蚜螨类害虫发生不普遍时,可将全园普治改为点、片防治。二是严格防治指标,调整防治时期,不要见虫就治,特别是蚜虫和叶螨,要根据益害比确定防治关键时期,如天敌和害螨比例在 1∶30 时可不防治,当超过 1∶50 时才开展防治。抓住春季害虫出蛰期防治,压低虫源基数,可减少夏季喷药次数。三是降低用药浓度。

4. 人工繁殖释放害虫天敌 对于一些常发性害虫,单靠天敌自身的自然增殖是很难控制害虫的,因为天敌往往是跟随害虫之后发生的,比较被动。当在害虫发生之初自然天敌不足时,若提前释放一定数量的天敌,则能主动控制害虫,取得较好的防治效果。

六、桃主要病虫害种类及防治技术

(一)主要病害种类及防治技术

1. 桃细菌性穿孔病

(1)危害症状 主要危害叶片,也可危害新梢和果实。发病初期叶片上呈半透明水渍状小斑点，扩大后为圆形或不规则形、直径1～5毫米的褐色病斑，边缘有黄绿色晕环，病斑逐渐干枯，周边形成裂缝，仅有一小部分与叶片相连，脱落后形成穿孔。新梢受害时，初呈圆形或椭圆形病斑，后凹陷龟裂，严重时新梢枯死。被害果初为褐色水渍状小圆斑，以后扩大为暗褐色稍凹陷的斑块；空气潮湿时病斑处产生黄色黏液，干燥时病部发生裂痕。

(2)发病规律　病原菌在病枝组织内越冬，翌年春随气温上升，潜伏的细菌借风雨、露滴及昆虫传播。在降雨频繁、多雾和温暖阴湿的气候条件时病害严重，干旱少雨时发病轻。树势弱、排水和通风不良的桃园发病重，虫害严重时（如红蜘蛛危害猖獗），发病重。在福建泉州地区，台湾甜脆桃3月份开始发病，5月中旬出现第一个发病高峰，夏季高温干旱时进展缓慢，至夏末初秋9月上旬遇台风暴雨，特别是台风持续时出现的秋雨，又会发生后期侵染。另外，树冠郁闭、排水不良和树势衰弱时发病也重。

(3)防治方法

第一，农业防治。选择抗病品种，有研究报道，中油12号和中油5号抗细菌性穿孔病的能力强于曙光油桃。加强桃园综合管理，增强树势，可提高抗病能力。园址切忌建在地下水位高的地方或低洼处。土壤黏重和雨水较多时，要筑台田，改土防水。同时，对桃树合理整形修剪，改善通风透光条件。冬夏修剪时，及时剪除病枝，清扫病叶，集中烧毁或深埋。砍除园内混栽的李、杏和樱桃等果树，因为这些树种对细菌性穿孔病感病性强。

第二，化学防治。芽膨大前期喷施2～5波美度石硫合剂或1∶1∶100波尔多液，杀灭越冬病菌。展叶后至发病前喷施70%代森锰锌可湿性粉剂500倍液，或硫酸锌石灰液（硫酸锌0.5千克、消石灰2千克、水120升）1～2次。5～6月份，用65%代森锌可湿性粉剂500倍液加72%硫酸链霉素可溶性粉剂300～400毫升/千克溶液，连喷2～3次，与30%代森锰锌可湿性粉剂800倍液交替使用。在四川龙泉山脉地区桃产区,5月初和7月初各喷1次72%硫酸链霉素可溶性粉剂3000倍液,或65%代森锌可湿性粉剂300~500倍液防效较好。

2. 桃树根癌病

(1)危害症状　根瘤主要发生于根颈部,也发生于主根和侧根。根瘤通常以根颈和根为轴心,环生和偏生一侧,数目少的1~2个,多者10余个。根瘤大小相差较大,大的如核桃或更大,小者如豆粒。有时若干瘤形成一个大瘤。初生瘤光洁,多为乳白色,少数微红色,后渐变为褐色至深褐色,表面粗糙,凸凹不平,内部坚硬;后期为深黄褐色,易脱落,有时有腥臭味。老熟根瘤脱落后,其附近处还可产生新的次生瘤。发病植株表现为地上部生长发育受阻,树势衰弱,叶薄、色黄,严重时死亡。

(2)发病规律　病原菌存活于癌组织皮层和土壤中,可存活1年以上。传播的主要载体是雨水、灌溉水、地下害虫和线虫等,苗木带菌是远距离传播的主要途径。病菌从嫁接口、虫伤、机械伤及气孔侵入寄主。林、果苗木与蔬菜重茬地,果苗与林苗重茬地一般发病重,特别是桃苗与杨苗、林地苗重茬时根瘤发生明显增多。碱性、湿度大、黏性强和排水不良的土壤,发病重。

(3)防治方法

第一,农业防治。一是避免重茬,不要在原林、果园地种植桃树。二是嫁接苗木采用芽接法,以免伤口接触土壤,减少传染机会。对碱性土壤应适当施用酸性肥料或增施有机肥和绿肥等,以改变土壤环境,使之不利于发病。

第二,化学防治。一是苗木消毒。仔细检查苗木,先去除病、劣苗,然后用K84生物农药30~50倍液浸根3~5分钟,或3%次氯酸钠溶液浸3分钟,或1%硫酸铜溶液浸5分钟后再放到2%石灰液中浸2分钟。以上3种消毒法同样也适于桃核处理。二是病瘤处理。在定植后的桃树上发现有瘤时,先用快刀彻底切除根瘤,然后用硫酸铜100倍液或80%乙蒜素乳油50倍液消毒切口。

3. 缩叶病

(1)危害症状　主要危害叶片，患病嫩叶刚伸出时就呈卷曲状，随着叶片逐渐开展，卷曲及皱缩程度随之加重，致全叶呈波纹状凹凸，严重时，叶片完全变形。病叶较肥大，厚薄不均，质地松脆，最后干枯脱落。

(2)发病规律　福建泉州地区，台湾甜脆桃一般2月中下旬至3月上旬叶芽萌发，此时气温较低。3月上旬桃树就开始表现症状，叶片、节间伸展缓慢，3月下旬至4月初进入发病高峰期，4月中旬结束。四川盆地回春早，桃树萌芽早，开花也早，此时若遇低温，易引发缩叶病，一般此病发生于3～5月份，倒春寒时发生严重。在南京地区，早凤王桃花期晚，不易受晚霜的危害，表现抗缩叶病较强。

(3)防治方法　花芽露红时，喷3～5波美度石硫合剂1次，或喷施1～2次80%代森锰锌或50%多菌灵可湿性粉剂500倍液防治。

4. 桃疮痂病

(1)危害症状　主要危害果实，也可危害枝梢和叶片。果实发病初期时出现绿色水渍状小圆斑点，后渐呈暗绿色。本病与细菌性穿孔病很相似，但区别在于病斑边缘呈绿色，严重时1个果上可有数十个病斑。病菌侵染仅限于表皮病部木栓化，并随果实增大，病部龟裂。病斑多发生于果肩部。幼梢发病时，初期为浅褐色椭圆形小点，后由暗绿色变为浅褐色和褐色，严重时小病斑连成大片。叶片发病时，叶背出现多角形或不规则的灰绿色病斑，以后两面均为暗绿色，渐变为褐色至紫褐色。最后病斑脱落，形成穿孔，重者落叶。

(2)发病规律　病菌在1年生枝病斑上越冬，翌年春病原孢子以雨水、雾滴和露水为载体，进行传播。一般情况下，早熟品种发病轻，中晚熟品种发病重。病菌发育最适温度为20℃～27℃，多雨潮湿的天气、黏土地和树冠郁闭的果园容易发病。在福建泉州地区，4～6 月份气温较高，雨水多、浓雾重时，树冠郁闭的台湾甜脆桃易发生疮痂病，危害新梢和叶片。早开的桃花所结的果实偶尔表现症状，大多数果实在未呈现症状前即被采收。

(3)防治方法

第一，农业防治。加强桃园管理，及时进行夏季修剪，改善果树通风透光条件，降低果园湿度。桃园铺地膜可明显减轻发病；果实套袋可以减轻病害发生；冬剪时彻底剪除病枝并烧毁，可减少病原。

第二，化学防治。芽膨大前期喷施 2～5 波美度石硫合剂。落花后根据天气情况，每 15 天喷施 1 次 70％代森锰锌可湿性粉剂 500 倍液，或 70％甲基硫菌灵可湿性粉剂 800 倍液等。药剂交替使用。

5. 桃炭疽病

(1)危害症状　主要危害果实，也可危害叶片和新梢。幼果指头大时即可感病，初为淡褐色小圆点，后随果实膨大呈圆形或椭圆形，红褐色，中心凹陷。气候潮湿时，病部会长出橘红色小粒点，幼果感病后便停止生长，形成早期落果。气候干燥时，病果变成僵果残留树上，经冬雪风雨不落。成熟期果实感病，初为淡褐色小病斑，渐扩展成红褐色同心环状，并融合成不规则大斑。病果多数脱落，少数残留在树上。新梢上的病斑呈长椭圆形，绿褐色至暗褐色，稍凹陷，病梢叶片呈上卷状，严重时枝梢枯死。叶片病斑圆形或不规则形，淡褐色，边缘清晰，后期病斑为灰褐色。

(2)发病规律　病菌以菌丝在病枝和病果上越冬。翌年春借风雨和昆虫传播，形成第一次侵染。5 月上旬，受侵染的幼果开始发病。高湿是发病的主导诱因。花期低温多雨有利于发病，果实成熟期高温、高湿，粗放管理，土壤黏重，排水不良，施氮过多和树冠郁闭的桃园发病严重。油桃比普通桃更易于感染此病。

在福建省泉州地区，台湾甜脆桃炭疽病从3月上中旬谢花后开始发病，危害幼果；4月中下旬为发病盛期，造成幼果大量脱落。在时晴时雨条件下，桃树最易感病。在开花及幼果期，遇低温多雨时，有利于炭疽病发生。

（3）防治方法

第一，农业防治。一是桃园选址。切忌在低洼和排水不良的黏质土壤建园。尤其在江河湖海及南方多雨潮湿地区建园时，要起垄栽植。二是加强栽培管理。多施有机肥和磷、钾肥，适时夏剪，使树体通风透光好。及时摘除病果，减少病原。冬剪时彻底剪除病枝、僵果，并集中烧毁或深埋。南方效益较好的品种可以进行果实套袋和避雨栽培。

第二，化学防治。萌芽前喷2～5波美度石硫合剂。花前喷施70％甲基硫菌灵可湿性粉剂800倍液，或50％多菌灵可湿性粉剂600～800倍液，或80％代森锰锌可湿性粉剂800倍液，或1％中生菌素水剂200倍液，每隔10～15天用药1次，连喷3次。药剂最好交替使用。也可以在谢花后10天到5月中下旬期间，每隔7～10天喷1次杀菌剂防治，药剂可选用80％福锌·福美双可湿性粉剂800倍液，或25％溴菌腈可湿性粉剂500倍液，或75％百菌清可湿性粉剂800倍液。注意轮换用药。

6. 桃褐腐病

（1）危害症状　果实从幼果期至贮运期都可发病，但以生长后期和贮运期果实发病较多、较重。果实染病后，果面开始出现小的褐色斑点，以后迅速扩大为褐色圆形斑，果肉呈浅褐色，并很快烂透至整个果实。同时，病部表面长出质地密集的串珠状灰褐色或灰白色霉丛，并很快遍及全果。烂果除少数脱落外，大部分干缩成褐色至黑色僵果，经久不落。感病花瓣、柱头初为褐色斑点，随后渐蔓延至花萼与花柄，长出灰色霉；气候干燥时则萎缩干枯，长留树上不落。嫩叶发病常自叶缘开始，初为暗褐色病斑，并很快扩展至叶柄，叶片如霜害，病叶上常具灰色霉层，也不易脱落。枝梢发病多因感病的花梗、叶片及果实中的菌丝向下蔓延所致，并渐形成长圆形溃疡斑。当病斑扩展环绕枝条一周时，枝条即枯死。

（2）发病规律　病菌在僵果和被害枝的病部越冬。翌年春借风雨和昆虫传播，由气孔、皮孔和伤口侵入，为初侵染。病菌分生孢子萌发产生芽管，侵入柱头、蜜腺，造成花腐，再蔓延到新梢。病果在适宜条件下长出大量分生孢子，引起再侵染。多雨和多雾的潮湿气候有利于发病。此病在福建省古田县 6～7 月份发生，以白凤和玉露品种受害最重，一般病果率为 13%～38%，重的达 86%。水蜜桃比油桃更易于发病。

（3）防治方法

第一，农业防治。结合冬剪彻底清除树上和树下的病枝、病叶和僵果，集中烧毁。冬季深翻树盘，将病菌埋于地下。加强果园管理，抬高树干高度，搞好夏剪，使树体通风透光。及时防治椿象、食心虫和桃蛀螟等，减少枝叶伤口。

第二，化学防治。芽膨大期喷施 2～5 波美度石硫合剂。花后 10 天至采收前 20 天，喷施 25%戊唑醇可湿性粉剂 1 500 倍液＋70%丙森锌可湿性粉剂 700 倍液，或 24%腈苯唑悬浮剂 2 500 倍液，或 70%代森锰锌可湿性粉剂 600～800 倍液，或 70%甲基硫菌灵可湿性粉剂 800 倍液，或 50%多菌灵可湿性粉剂 600～800 倍液。

7. 桃白粉病

（1）危害症状　叶片感病后，叶正面产生失绿性淡黄色小斑，其边缘极不明显，斑上生白色粉状物，斑叶呈波浪状。夏末秋初时，病叶上常产生许多黑色小点粒，病叶提前干枯脱落。果实以幼果较易感病，病斑圆形，被覆密集白粉状物。

（2）发病规律　病菌以寄生状态潜伏于寄生组织或芽内越冬。翌年春以分生孢子和子囊孢子随气流和风传播形成初侵染；分生孢子一般产生 1～3 个芽管，伸入寄主体内吸取养分，以外寄生形式在寄主体表寄生，并不断产生分生孢子，形成重复侵染。一般年份桃白粉病在幼苗发生较多且重，大树发病较少，危害较轻。

(3)防治方法

第一，农业防治。落叶后至发芽前彻底清除果园落叶，集中烧毁。发病初期及时摘除病果并深埋。

第二，化学防治。芽膨大前期喷洒 2～5 波美度石硫合剂，消灭越冬病原。发病初期及时喷施 50%硫黄悬浮剂 500 倍液，或 50%多菌灵可湿性粉剂 600～800 倍液，或 70%甲基硫菌灵可湿性粉剂 800 倍液，均有较好效果。苗圃中，当实生苗长出 4 片真叶时开始喷药，每 15～20 天 1 次，连喷 2 次。石硫合剂对该病防治效果较好，但夏季气温高时应停用，以免发生药害。

8. 桃溃疡病

(1)危害症状　病斑出现时，树皮稍隆起，之后明显肿胀，用手指按压稍感觉柔软，并有弹性。皮层组织红褐色，有胶体流出，有酒糟味，之后病斑干缩凹陷，最后整个大枝明显凹陷成条沟，严重削弱树势。

(2)发病规律　以菌丝体、子囊壳、分生孢子器在枝干病组织中越冬，翌年春孢子从伤口枯死部位侵入寄主体内。病斑在早春和初夏扩大，在雨天或浓雾潮湿天气排出孢子传染。衰弱树、高接树容易感染此病。

(3)防治方法

第一，农业防治。加强栽培管理，多施有机肥，增强树势。

第二，化学防治。病斑小时，在秋末早春彻底刮除病组织，然后涂上伤口保护剂，如菌毒清、松焦油原液和混合脂肪酸等，最好用塑料薄膜包扎。

9. 桃流胶病

(1)危害症状　此病多发生于桃树枝干，尤以主干和主枝杈处最易发生，初期病部略膨胀，逐渐溢出半透明的胶质，雨后加重。

之后胶质渐成胶冻状，失水后呈黄褐色，干燥时变为黑褐色。严重时树皮开裂，皮层坏死，生长衰弱，叶色变黄，果小味苦，甚至枝干枯死。

(2)发病规律　危害时，病菌孢子借风雨传播，从伤口和侧芽侵入，1 年出现 2 次发病高峰。在南京地区，发病高峰为 5 月下旬至 6 月上旬和 8 月上旬至 9 月上旬。在福建泉州地区 4 月初发病，气温 15℃～20℃时，开始渗出胶液，胶液量随气温升高和降雨量增加，5～6 月份进入第一次发病高峰。夏、秋高温干旱，遇台风暴雨后，流胶病危害加重，8 月下旬至 9 月份进入第二次发病高峰。

非侵染性病害发生流胶后，容易再感染侵染性病害，尤以雨后严重。据调查，我国浙江省某村 20 世纪 60～70 年代桃流胶病发病率在 60%左右，且主要是主干发病，枝条发病较少。而最近的调查表明，在同一村，管理较好的桃园，流胶病发病率达到 96.5%，只有极少数刚种植的桃园没有流胶病发生或病情很轻；且枝条发病也较重，在 1 年生枝上也可见发病。可见流胶病有逐渐加重的趋势。

(3)防治方法　此病主要采用农业防治方法。

第一，加强土肥水管理，改善土壤理化性质，提高土壤肥力，增强树体抵抗能力。防止霜害、冻害和日灼。南方桃园要采用高畦深沟种植，注意桃园排水，合理修剪树体，尽量避免去大枝。此外，原产于西北高旱地区和云贵高原桃区的品种不抗流胶病，而长江流域桃区的品种相应地抗流胶病。

第二，及时防治桃园各种病虫害。芽膨大前期喷施 3～5 波美度石硫合剂，及时防治各种病虫害，尤其是枝干和果实病虫害。

第三，剪锯口和病斑及时处理。对于较大的剪锯口和病斑要在刮除后及时涂抹混合脂肪酸。

第四，树干大枝涂白。落叶后对树干和大枝进行涂白，可以防止冻害和日灼，兼杀菌治虫。涂白剂配制方法：生石灰 12 千克，食盐 2～2.5 千克，大豆汁 0.5 千克，水 36 升。

第五，南方桃产区，在梅雨后期先刮去树体上流胶，并于病部涂刷 45%代森铵水剂 200 倍液，再用旧报纸包绕病树，用稻草缚扎。该措施有较好的防效，且不影响桃树生长。

第六，在生长季节杂草较多时，不喷或少喷除草剂，可以减轻流胶病发生。

（二）主要虫害种类及防治技术

1. 蚜虫　危害桃树的蚜虫主要有 3 种：桃蚜、桃粉蚜和桃瘤蚜。生产中常见的主要是桃蚜。

（1）危害症状　桃蚜与桃粉蚜以成虫或若虫群集叶背吸食汁液。桃蚜危害的嫩叶皱缩扭曲，严重时，被害树当年枝梢生长和果实发育受影响。桃粉蚜发生时期晚于桃蚜。桃粉蚜危害时，叶背布满白粉，有时在成熟叶片上危害。桃瘤蚜对嫩叶和老叶均可危害，被害叶的叶缘向背面纵卷，卷曲处组织增厚，凸凹不平，初为淡绿色，渐变为紫红色，严重时全叶卷曲。

（2）发生规律　蚜虫在我国北方地区 1 年发生 10 余代。卵在桃树枝条间隙及芽腋中越冬，3 月中下旬开始繁殖，新梢展叶后开始危害。蚜虫在盛花期时，危害花器，刺吸子房，影响坐果；繁殖几代后，在 5 月份开始产生有翅成虫，6～7 月份飞迁至第二寄主，如烟草和萝卜等蔬菜上，到 10 月份再次飞回桃树上产卵越冬。

（3）防治方法

第一，农业防治。清除枯枝落叶，将被害枝梢剪除并集中烧毁。在桃树行间或果园附近，不宜种植烟草、白菜等，以减少蚜虫的夏季繁殖场所。桃园内种植大蒜，可相应减轻蚜虫的危害。

第二，生物防治。蚜虫的天敌很多，有瓢虫、食蚜蝇、草蛉和蜘蛛等，对蚜虫有很强的抑制作用。应尽量避免在天敌多时喷药。

第三，化学防治。萌芽期和发生期，喷10%吡虫啉可湿性粉剂4 000倍液。一般若能掌握喷药及时、细致、不漏树、不漏枝，则1次喷药即可控制害虫。

2. 山楂红蜘蛛

(1)危害症状　山楂红蜘蛛常群集叶背危害，并吐丝拉网(雌虫)。早春出蛰后，雌虫首先集中在内膛危害，形成局部受害现象，之后渐向外围扩散。被害叶面先出现失绿斑点，又逐渐扩大成褐色斑块，严重时叶片焦枯脱落，影响树势和花芽分化。

(2)发生规律　山楂红蜘蛛以受精的雌虫在枝干树皮的裂缝中及靠近树干基部的土块缝里越冬。1年发生代数因各地气候而异，一般为5～9代。一般是6月份开始危害，7～8月间繁殖最快，高温干燥时危害尤其严重。越冬成虫出现早晚与桃树受害程度有关，一般8～10月份产生越冬成虫，受害严重时7月下旬即产生越冬成虫。

(3)防治方法

第一，农业防治。加强果园管理，清扫落叶，翻耕树盘，消灭部分越冬雌虫。

第二，生物防治。保护利用天敌——东方植绥螨。

第三，化学防治。发芽前喷洒2～5波美度石硫合剂。害虫发生初期喷1.8%阿维菌素乳油3 000～5 000倍液。

3. 二斑叶螨

(1)危害症状　以幼螨、成螨群集在叶背取食和繁殖。严重时叶片呈灰色，大量落叶。该螨有明显的结网习性，特别是在数量多时，丝网可覆盖叶背面，或在叶柄与枝条间拉网，叶螨则在网上产卵、穿行。

(2)发生规律　1年发生10代以上。以受精雌成虫在树干皮下、粗皮裂缝内和杂草下群集越冬。4月上中旬为第一代卵期，6～8月份为猖獗危害期。10月份陆续越冬。

(3)防治方法

第一,农业防治。冬季清园,刮树皮,及时清除地下杂草。在越冬雌成虫进入越冬前,树干绑草,诱集其在草上越冬,早春出蛰前解除绑草烧毁。

第二,生物防治。保护、利用和引进二斑叶螨天敌——西方盲走螨。

第三,化学防治。发芽前喷洒2～5波美度石硫合剂。在发生初期,喷1.8%阿维菌素乳油3000～5000倍液。重点喷树冠内膛叶片。二斑叶螨的防治以早治效果较好。

4. 桃潜叶蛾

(1)危害症状　幼虫在叶组织内窜食叶肉,形成弯曲食道。叶片表皮不破裂,叶面可透视,严重时受害叶片枯死脱落。

(2)发生规律　该虫以蛹在茧内越冬。翌年展叶后成虫羽化产卵,幼虫孵化后即潜入叶肉内危害。1年发生6～7代。11月份即开始化蛹越冬。

(3)防治方法

第一,农业防治。冬季彻底清除落叶,消灭越冬蛹。

第二,化学防治。在成虫发生期喷药防治,可用25%灭幼脲悬浮剂1000～2000倍液,或20%杀铃脲悬浮剂8000倍液。喷药应在害虫发生前期进行,危害严重时再喷药效果不佳。

5. 苹小卷叶蛾

(1)危害症状　幼虫吐丝缀叶,潜居其中危害,使叶片枯黄,破烂不堪。幼虫将叶片缀贴到果上,啃食果皮和果肉,果皮会被啃出小凹坑。

(2)发生规律　幼虫非常活泼,1年发生3～4代,幼虫在剪锯口、老树皮缝隙内结白色小茧越冬。翌年桃树发芽时幼虫开始出蛰,蛀食嫩芽,之后吐丝将叶片连缀,并可转叶危害。幼虫老熟后,在卷叶内或缀叶间化蛹。成虫夜晚活动,有趋光性,对糖醋液趋性很强。

(3)防治方法

第一,农业防治。桃树休眠期彻底刮除树体粗皮和剪锯口周围死皮,消灭越冬幼虫。发现有吐丝缀叶者,及时剪除虫梢,消灭正在危害的幼虫。桃果接近成熟时,摘除果实周围的叶片,防止幼虫贴叶危害;9 月上旬主枝绑草把,或诱虫带,或布条,诱集越冬幼虫并集中销毁。

第二,物理防治。树冠内挂糖醋液诱集成虫。有条件的桃园,可设置黑光灯和性诱剂诱灭成虫。

第三,生物防治。在卵期可释放赤眼蜂,潜叶蛾幼虫期释放甲腹茧蜂,并保护好狼蛛。

第四,化学防治。可在苹小卷叶蛾第一代和第二代发生高峰期用 52.25%氯氰·毒死蜱乳油 2 000 倍液,或 48%毒死蜱乳油 1 500 倍液,或 5%氟虫脲乳油 1 000~1 500 倍液进行防治。

6. 桃红颈天牛

(1)危害症状　幼虫危害桃主干或主枝基部皮下的形成层和木质部浅层部分,在危害部位的蛀孔外有虫粪。当树干形成层被钻蛀对环后,果树会整株死亡。

(2)发生规律　2~3 年发生 1 代,以幼虫在树干蛀道内越冬。成虫在 6 月份开始羽化,中午多静息在枝干上,交尾后产卵于树干和大枝基部的缝隙或锯口附近,经 10 天左右卵孵化成幼虫,在树干皮下危害,以后逐渐深入韧皮部和木质部。一年中从 4 月份至 9 月份害虫均可在树干上危害,前期在皮层与木质部之间危害,到后期深入到木质部危害。

(3)防治方法　桃红颈天牛虽危害较大,但种群数量不多,可用以下方法防治。

第一,农业防治。成虫出现期,利用其午间静息的习性进行人工捕捉。特别在雨后晴天,成虫最多。4~9 月份,在发现有虫粪的地方，挖、熏和毒杀幼虫。害虫宜尽早发现，尽早挖杀，越早越好。

第二，物理防治。在果园内每隔 30 米，距地面 1 米左右挂一装有糖醋液的诱捕器，诱杀成虫。成虫产卵前，在主干基部涂白涂剂，防止成虫产卵。

第三，化学防治。产卵盛期至幼虫孵化期，在主干上喷施 2.5%高效氯氟氰菊酯乳油 3 000 倍液，杀灭初孵幼虫。

7. 桑白蚧

(1)*危害症状*　桑白蚧以若虫和成虫刺吸寄主汁液，虫量特别大时，完全覆盖住树皮，甚至相互叠压在一起，形成凸凹不平的灰白色蜡质物。受害重的枝条发育不良，严重者可整株死亡。

(2)*发生规律*　华北地区 1 年发生 2 代。以受精雌虫在枝干上越冬，4 月下旬产卵，卵产于壳下。若虫孵出后，爬出母壳，在 2～5 年生枝上固定吸食，5～7 天开始分泌蜡质。

(3)*防治方法*

第一，农业防治。在桃园初发现桑白蚧时，剪除虫枝烧毁。休眠期用硬毛刷刷掉枝条上的越冬雌虫，并剪除受害枝条，一起烧毁，之后喷 2～5 波美度石硫合剂。

第二，生物防治。主要有红点唇瓢虫、日本方头甲寄生蜂、桑白蚧、恩蚜小蜂、草蛉等。

第三，化学防治。防治关键时期是在幼虫已出壳，但尚未分泌蜡粉之前的 1 周效果最好。可喷施 35%蚧杀特乳油 1 000 倍液或 48%毒死蜱乳油 1 500 倍液进行防治。

8. 桃蛀螟

(1)*危害症状*　以幼虫危害桃果实。卵产于两果之间或果叶连接处，幼虫易从果实肩部或两果连接处进入果实，并有转果习性。蛀孔处常分泌黄褐色透明胶汁，并排泄粪便粘在蛀孔周围。

(2)*发生规律*　在我国北方地区 1 年发生 2～3 代。以老熟幼虫在向日葵花盘、茎秆或玉米以及树体粗皮裂缝和树洞等处做茧越冬。5月下旬至6月上旬发生越冬代成虫，第一代成虫发生在7月下旬至8月上旬。第一代幼虫主要危害桃，第二代幼虫多危害晚熟桃、向日葵和玉米等。成虫白天静伏于树冠内膛或叶背，傍晚产卵，主要产于桃果实表面。成虫对黑光灯有强烈趋性，对花蜜和糖醋液也有趋性。

(3)防治方法

第一，农业防治。冬季或早春及时处理向日葵和玉米等秸秆，并刮除桃老翘皮，清除害虫越冬茧。生长季及时摘除被害果，并捡拾落果，集中处理，秋季采果前在树干上绑草把诱集越冬幼虫并集中杀灭。也可间作诱集植物(玉米和向日葵等)，在其开花后引诱成虫产卵，定期喷药消灭。

第二，物理防治。利用黑光灯、糖醋液和性诱剂诱杀成虫。

第三，化学防治。在各成虫羽化产卵期喷药1～2次。交替使用2.5%高效氯氟氰菊酯乳油3 000倍液，或2.5%溴氰菊酯乳油2 000～3 000倍液，或20%杀铃脲悬浮剂8 000倍液。

9. 梨小食心虫

(1)危害症状　初期发生的幼虫主要危害桃树新梢，从新梢未木质化的顶部蛀入，向下部蛀食，桃梢受害后梢端中空。当蛀到木质化部分时，幼虫便从中爬出，转至另一新梢危害。此虫也可以危害果实。受害桃果上有蛀孔，蛀果处时有流胶，并致使桃果实腐烂。蛀孔部位包括果实顶部、胴部和梗洼处。

(2)发生规律　在河北省中南部地区1年发生4～5代，南方地区1年发生5～6代，东北地区1年发生3～4代。以老熟幼虫结成灰白薄茧在主干或主枝老翘皮和根颈裂缝处、小枝的髓部及土中越冬；或在绑缚物、果品库及果品包装中越冬。翌年3～4月份化蛹，之后羽化为成虫，在桃叶上产卵。第一代和第二代幼虫主要危害桃树新梢。石家庄地区7～8月份发生的幼虫主要危害桃果实和新梢，梨小食心虫幼虫一般只危害即将成熟的果实和正在生长的嫩梢；9月份之后，主要危害果实。成虫白天多静伏在叶枝和杂草等隐蔽处，黄昏后活动，对性诱剂、糖醋液及黑光灯有强烈的趋性。一般在与梨混栽或邻栽的桃园发生重，山地和管理粗放的桃园发生较重。雨水多的年份，湿度大，成虫产卵多，危害严重。

(3)防治方法

第一，农业防治。新建园时尽可能避免桃和梨混栽。刮除枝干老翘皮，集中烧毁。越冬幼虫脱果前，在主枝和主干上束草诱集脱果幼虫，晚秋或早春取下烧掉，及时剪除被害桃梢。套袋果实去袋后，如不及时采收，正值产卵期的梨小食心虫仍会到果实上产卵，之后孵化出的幼虫会继续进入果实危害。所以，最好能在幼虫进入果实危害之前采收。

第二，物理防治。利用黑光灯、性诱剂和糖醋液等诱杀成虫，也可作为预测预报。

第三，生物防治。释放松毛虫赤眼蜂，防治梨小食心虫。用梨小食心虫性诱剂迷向法干扰成虫正常交配。

第四，化学防治。在每一代成虫发生高峰期后7天左右进行化学防治。到后期由于害虫世代交替，可在发生高峰期进行化学防治，可连续喷药2次，期间相差5天左右。适宜的农药有35%氯虫苯甲酰胺水分散粒剂7 000～10 000倍液、25%灭幼脲乳油1 500倍液、1%苦参碱可溶性液剂1 000倍液等，或用48%毒死蜱乳油1 000倍液、2.5%高效氯氟氰菊酯乳油1 000倍液、2%甲氨基阿维菌素苯甲酸盐乳油1 000倍液，或用1.8%阿维菌素乳油4 000倍液，或用25%氰戊菊酯乳油2 000～2 500倍液+25%灭幼脲乳油1 500倍液等。幼虫一旦进入新梢或果实危害，进行化学防治的效果就很差。

10. 茶翅蝽

(1)危害症状　主要危害果实，从幼果至成熟果实均可危害，果实被害后，呈凸凹不平的畸形果，果肉下陷并变空、木栓化、僵硬，失去食用价值。

(2)发生规律　1年发生1代。以成虫在村舍檐下、墙缝空隙内及石缝中越冬。4月下旬出蛰，5月上旬扩散到田间进行危害。6月上旬田间出现大量初孵若虫，小若虫先群集在卵壳周围呈环状排列，2龄以后渐渐扩散到附近的果实上取食危害。田间的畸形果主要为若虫危害所致，新羽化的成虫继续危害直到果实采收。9月中旬以后成虫开始寻找场所越冬。茶翅蝽成虫有一定飞翔能力，一旦进入桃园，在无惊扰的条件下，迁飞扩散并不活跃。桃园中桃果的受害率有明显边行重于中央的趋势。

(3)防治方法　茶翅蝽的成虫具有飞翔能力，树上喷药对成虫的防效很差，主要采用农业防治方法。

第一，农业防治。一是越冬场所诱集，秋季在桃园附近空房内，将纸箱和水泥纸袋等折叠后挂在墙上，能诱集大量成虫在其中越冬，翌年出蛰前收集消灭；或在秋冬傍晚于桃园房前屋后和向阳面墙面捕杀茶翅蝽越冬成虫。二是捕杀若虫和成虫，越冬成虫出蛰后，根据其首先集中危害桃园外围树木及边行的特点，于成虫产卵前早晚振树捕杀。结合其他管理措施，随时摘除卵块及捕杀初孵若虫。三是果实套袋，果实套袋是最有效的方法。最好在产卵前和危害前进行果实套袋。四是成虫诱杀。在桃园周围种一点胡萝卜、香菜、芹菜、洋葱或大葱，因其特殊香味，茶翅蝽会飞到此类植物花上，这时可用化学防治法将其集中杀死。

第二，化学防治。在早晨用菊酯类农药进行防治。

11. 绿盲蝽

(1)危害症状　以成虫和若虫通过刺吸式口器吮吸桃幼嫩叶和果实汁液。被害幼叶最初出现细小坏死斑点，叶长大后形成无数孔洞。被害果实表面形成木栓化连片斑点。

(2)发生规律　绿盲蝽在河北省1年发生4代以上，以卵在树皮下及附近浅层土壤中或杂草中越冬。4月上旬桃树展叶期害虫开始危害幼叶，在幼果发育初期危害果实，以后主要危害桃树嫩梢和嫩叶，一般不危害硬核期以后的果实和成熟的叶片。10月上旬产卵越冬。成虫飞行能力极强，稍受惊动，迅速爬迁。因其个体较小，体色与叶色相近，不容易被发现。绿盲蝽成虫多在夜晚或清晨取食危害。

(3)防治方法

第一，农业防治。秋、冬季彻底清除桃园内外杂草及其他植物残体，刮除树干及枝杈处的粗皮，剪除树上的病残枝和枯枝并集中销毁，可以减少越冬卵量。主要天敌有寄生蜂、草蛉和捕食性蜘蛛等。

第二，化学防治。3月中旬在树干30～50厘米处缠黏虫胶，阻止绿盲蝽等害虫上树危害。3月下旬桃树萌芽前喷3～5波美度石硫合剂。桃树萌芽期结合其他害虫防治喷药，以后依各代发生情况进行防治。防治害虫所选药剂应具内吸、熏蒸和触杀作用，可选用5%氟虫腈悬浮剂、2%阿维菌素乳油3 000～4 000倍液。

12. 白星花金龟

(1)危害症状　成虫啃食成熟的果实，尤其喜食风味甜或酸甜的果实。幼虫腐食，一般不危害植物。

(2)发生规律　1年发生1代，以幼虫在土中越冬，5月上旬出现成虫，发生盛期为6～7月份。成虫具有假死性和趋化性，飞行力强，多产卵于粪堆、腐草堆和鸡粪中。幼虫以腐草和粪肥为食。

(3)防治方法

第一，农业防治。结合秸秆沤肥、翻粪和清除鸡粪，捡拾幼虫和蛹。利用成虫的假死性和趋化性，在清早或傍晚，树下铺塑料布，摇动树体，捕杀成虫。

第二，物理防治。利用其趋光性，夜晚(最好漆黑无月)在地头、行间点火，使金龟子向火光集中坠火而死。挂糖醋液瓶，诱集成虫，然后收集杀死。时间在发生初期，高度以树冠外围距地1～1.5米为好。

13. 黑绒金龟

(1)危害症状　成虫在春末夏初温度高时出现，多于傍晚活动，下午4时后开始出土，主要危害桃树叶片及嫩芽，出土早者危害花蕾和正在开放的花。

(2)发生规律　1年发生1代，主要以成虫在土中越冬。翌年4月份成虫出土，4月下旬至6月中旬进入盛发期，5～7月份交配产卵。幼虫危害至8月中旬，9月下旬老熟化蛹，羽化后不出土即越冬。

(3)防治方法

第一，农业防治。刚定植的幼树，应进行塑料膜套袋，在成虫危害期过后及时去掉套袋。

第二，化学防治。地面施药，控制潜土成虫，常用药剂有5%辛硫磷颗粒剂，每667米^2 3千克撒施。施后及时浅耙，以防药剂光解。

14. 桃叶蝉

(1)危害症状　此虫是秋季危害桃树的主要害虫，以成虫和若虫在叶片上吸食汁液，使叶片出现失绿白斑点。它会引起早期落果、花芽发育不良或二次开花，从而影响翌年产量。

(2)发生规律　该虫在南京地区1年发生4代，南昌和福州1年发生6代。它以成虫在落叶、杂草丛中或常绿树上越冬，翌年春桃芽萌发后，又陆续迁回桃树危害，2～3月间开始产卵(多产于叶背主脉内)，4～5月份出现第一代成虫。在南京7～9月份虫口密度最高，危害最重，常造成大量落叶。成虫喜欢在落叶、树皮缝和杂草中越冬。

(3)防治方法

第一，农业防治。冬季或早春刮除树干老翘皮，清除桃园四周落叶及杂草，减少越冬虫源。

第二，化学防治。在若虫发生高峰期，施25%噻嗪酮可湿性粉剂1 000倍液，或25%马拉硫磷乳油1 200～1 500倍液，或2.5%溴氰菊酯乳油1 500～2 000倍液，或50%抗蚜威超微可湿性粉剂2 500～3 000倍液，采用高压喷头喷雾，每隔7天喷1次，连喷2～3次，可收到较好的效果。

15. 桃球坚蚧

(1)*危害症状*　初期虫体背面分泌出白色卷发状的蜡丝覆盖虫体，之后虫体背面形成一层白色蜡壳，形成硬壳后渐进入越冬状态。

(2)*发生规律*　1年发生1代，以二龄若虫在危害枝条原固着处越冬，越冬若虫多包于白色蜡堆里。翌年3月上中旬越冬若虫开始活动，4月上旬虫体开始膨大，4月中旬雌雄性分化。4月下旬至5月上旬雄虫羽化与雌虫交尾，5月上中旬雌虫产卵于母壳下面。5月中旬至6月初卵孵化，若虫自母壳内爬出，多寄生于2年生枝条。固着后不久的若虫便自虫体背面分泌出白色卷发状的蜡丝覆盖虫体，6月中旬后蜡丝经高温作用而溶成蜡堆将若虫包埋，至9月份若虫背面形成一层污白色蜡壳进入越冬状态。桃球坚蚧的重要天敌是黑缘红瓢虫，雌成虫被取食后，体背一侧具有圆孔，只剩空壳。

(3)*防治方法*　桃球坚蚧身被蜡质，并有坚硬的介壳，必须抓住两个关键时期喷药，即越冬若虫活动期和卵孵化盛期。

第一，农业防治。在群体量不大或已错过防治适期，且受害又特别严重的情况下，可于春季雌成虫产卵以前，采用人工刮除的方法防治。

第二，生物防治。注意保护利用黑缘红瓢虫等天敌。

第三，化学防治。早春芽萌动期，用石硫合剂均匀喷布枝干，或用95%机油乳剂50倍液加5%高效氯氰菊酯乳油1 500倍液喷布枝干。6月上旬观察到卵进入孵化盛期时，全树喷布5%高效氯氰菊酯乳油2000倍液或20%氰戊菊酯乳油3000倍液。

16. 黑　蝉

（1）危害症状　雌虫将卵产于嫩梢中，呈月牙形。枝条被害后，很快枯萎，受害枝条和叶片随即枯死。

（2）发生规律　4～5年完成1代，以卵和若虫分别在危害的枯枝和土中越冬。老龄若虫于6月从土中钻出，沿树干上爬，固定蜕皮，变为成虫，静息2～3小时即可爬行或飞行，寿命60～70天。雄虫善鸣。雌虫于7～8月间产卵，选择嫩梢将产卵器插入皮层内，并将卵产于其中。枝条被害后，很快枯萎，叶片随即变黄焦枯。当年产的卵在枯枝条内越冬，到翌年6月份孵化，落入土中吸食幼根汁液，秋末钻入土壤深处越冬。

（3）防治方法　主要采用农业防治措施。

第一，剪除虫枝。结合修剪，或桃树生长后期至落叶前，发现被害枝条及时剪掉烧毁。

第二，人工捕捉。6月间老熟若虫出土上树固定时，傍晚到树干上捕捉，效果很好。雨后出土数量最多，也可在桃树基部，围绕主干缠一圈宽约20厘米的塑料薄膜，以阻止若虫上树，便于人工捕捉。

第三，堆火诱杀。夜间在果园空旷地，可堆柴点火，摇动桃树，成虫即会飞进火堆被烧死。

17. 桃小蠹

（1）危害症状　幼虫多选择蛀食衰弱枝干的皮层，在韧皮部与木质部间蛀纵向母坑道，并产卵于母坑道两侧。孵化后的幼虫分别在母坑道两侧横向蛀子坑道，略呈“非”字形，随着虫体增长，坑道弯曲、混乱交错，从而加速了枝干死亡。

（2）发生规律　1年发生1代，以幼虫于坑道内越冬。翌年春老熟幼虫在坑道端蛀圆筒形蛹室化蛹，羽化后咬圆形羽化孔爬出。

6月间成虫出现，配对、产卵，秋后以幼虫在坑道端越冬。

（3）*防治方法*　主要采用农业防治措施。加强综合管理，增强树体抗性，可以大大减少害虫发生与危害。结合修剪，彻底剪除有虫枝和衰弱枝，集中销毁。成虫出树前，田间放置半枯死或整枝剪掉的树枝，诱集成虫产卵，产卵后集中处理。及时在树体危害部位钩杀幼虫。

18. 桃绿吉丁虫

（1）*危害症状*　幼虫孵化后由卵壳下直接蛀入，并在枝干皮层、韧皮部与木质部间蛀食，蛀道弯曲不规则，较短且宽，粪便排于隧道中。在较幼嫩光滑的枝干上，被害处外表常显褐色至黑色，后期常纵裂。在老枝干和皮厚粗糙的枝干上外表症状不明显，难以发现。被害株轻者树势衰弱，一旦主干被蛀一圈便全株死亡。成虫可少量取食叶片，危害不明显。

（2）*发生规律*　1～2年发生1代，至秋末少数老熟幼虫蛀入木质部，并在其中越冬，未老熟者在蛀道内越冬。翌年桃树萌芽时此虫开始活动危害。成虫白天活动，产卵于树干粗糙的皮缝和伤口处。幼虫孵化后，先在皮层蛀食，逐渐深入皮层下，围绕树干窜食，常造成整枝或整株果树枯死。8月份以后，害虫蛀入木质部，秋后在隧道内越冬。

（3）*防治方法*

第一，农业防治。清除枯死树，减少虫源。及时刮除粗皮，成虫产卵前，在树干涂白，阻止其产卵。对于大的伤口，要用塑料布将伤处包裹起来，防止害虫产卵。幼虫危害时期，树皮变黑，可用刀将皮下的幼虫挖出，或者用刀在被害处顺树干纵划二三刀，阻止树体被虫环割，既可避免整株死亡，又可杀死其中幼虫。

第二，化学防治。可用5%高效氯氰菊酯乳油100倍液刷干，毒杀幼虫。成虫发生期喷5%高效氯氰菊酯乳油2000倍液，如果发生重，5～7天后再喷1次。

19. 苹毛金龟子

(1)危害症状　主要危害花器和叶片。据观察,苹毛金龟子多在树冠外围的果枝上危害,啃食花器时,多个聚于一个果枝上危害,有时达 10 多个,有群居特性。

(2)发生规律　每年发生 1 代,以成虫在土中越冬。翌年 3 月下旬开始出土活动,主要危害花蕾。石家庄地区在 4 月上中旬危害最重,此时基本上正值花期。产卵盛期为 4 月下旬至 5 月上旬,卵期 20 天,幼虫发生盛期为 5 月底至 6 月初,化蛹盛期为 8 月中下旬,羽化盛期为 9 月中旬。羽化后的成虫不出土,在土中越冬。成虫具假死性,当平均温度达 20℃以上时,成虫在树上过夜,温度较低时潜入土中过夜。

(3)防治方法　此虫虫源来自多处,特别是荒地虫量最多,故果园中应以消灭成虫为主。

第一,农业防治。在成虫发生期,早晨或傍晚人工敲击树干,使成虫落在地上,由于此时温度较低,成虫不易飞,易于集中消灭。

第二,化学防治。主要是地面施药,控制潜土成虫。常用药剂为 5%辛硫磷颗粒剂,每 667 米^2 撒施 3 千克。未腐熟的猪粪、鸡粪等在施入果园前须进行高温发酵处理,堆积腐熟时最好每立方米粪加 5～7.5 千克磷酸氢二铵。

20. 蜗　牛

(1)危害症状　个体稍大的蜗牛取食后叶面形成缺刻或孔洞,取食后的果实表面出现凹坑状。蜗牛爬行时留下的痕迹主要是白色胶质和青色线状粪便,影响叶片光合作用和桃果面光泽度。

(2)发生规律　蜗牛成螺多在作物秸秆堆下面或冬季作物的土壤中越冬,幼螺可在冬季作物的根部土壤中越冬。高温、高湿季节繁殖很快。6～9 月份,蜗牛的活动最为旺盛,直到 10 月下旬开始减少。蜗牛喜欢在阴暗潮湿的环境中生活,有十分明显的昼伏夜出性(阴雨天例外),寻食、交配及产卵等活动一般都在夜间或阴雨天进行。蜗牛有明显的越冬和越夏习性，在越冬越夏期间，如果温湿度适宜，蜗牛可立即恢复取食活动，如在冬季温室中或夏季降雨等条件下蜗牛都能立即恢复活动。

(3)防治方法

第一，农业防治。一是人工诱捕。人为堆置杂草、树叶、石块和菜叶等诱捕物，在晴朗白天集中捕捉；或用草把捆扎在桃树的主干上，让蜗牛上树时进入草把，晚上取下草把烧掉。二是地下防治。结合土壤管理，在蜗牛产卵期或秋冬季翻耕土壤，使蜗牛卵粒暴露在阳光下暴晒破裂，或被鸟类啄食，或深翻后埋于 20～30 厘米深土下，使蜗牛无法出土，大大降低蜗牛生存基数。将园内的乱石翻开或运出。

第二，化学防治。一是生石灰防治。晴天的傍晚在树盘下撒施生石灰，蜗牛晚上出来活动会因接触石灰而死。二是毒饵诱杀。在晴天或阴天的傍晚，将蜗牛敌投放在树盘和主干附近，或梯壁乱石堆中，蜗牛食后即中毒死亡。三是喷雾驱杀。早晨 8 时前与下午 6 时后，用 1%～5%食盐溶液，或 1%茶籽饼浸出液，或氨水 700 倍液，或灭蛭灵 800～1 000 倍液对树盘、树体等喷雾。每隔 7～10 天喷 1 次，连喷 2～3 次。四是撒颗粒剂。用 8%灭蛭灵颗粒剂或 10%多聚乙醛颗粒剂，每 667 米^2 用 2 千克，均匀撒于田间进行防治。

七、桃树病虫害防治中应注意的问题

第一，坚持“以防为主”，病害更是如此。在一年中要治早，在虫子发生期时也要治早。不要等到害虫大发生了，尤其是已造成严重危害后再去治。

第二，强化农业防治、物理防治和生物防治，淡化化学防治，尽量应用生物杀虫剂、植物源和矿物源农药。

第三，防治时期比用药种类和次数更重要。加强病虫害预测预报，掌握病虫害发生规律，找出防治关键时期。不要随意加大农药浓度。

第四，喷药一定要细致、周到和均匀。

八、农药的正确使用方法

（一）严格按产品使用说明使用

注意农药浓度、适用条件（水的 pH 值、温度、光等）、适用防治对象、残效期及安全使用间隔期等。

（二）保证农药喷施质量

一般情况下，在清晨至上午 10 时前和下午 4 时后至傍晚用药。此时用药可在树体内保留较长的农药作用时间，对人和作物较为安全，而在气温较高的中午用药则多易产生药害和人员中毒现象，且农药挥发速度快，作用时间较短。此外，还要做到喷药细致、周到和均匀，特别是叶片背面和果面等易受病、虫危害的部位。每次喷药，对主干、主枝、结果枝组、叶片和果实等树冠内的各个部位都要喷到位，不留死角，且对每行树都要从左和右两边分别喷。

（三）适时用药

结合病虫害预报，做到适期用药，这是提高防治效果和减少用药次数的最有效措施。

（四）提倡交替使用农药

同一生长季节单纯或多次使用同种或同类农药时，病虫抗药性明显提高，防治效果降低。因此，要交替使用农药，以延长农药使用寿命，提高防治效果，减轻污染程度。

（五）严格执行安全用药标准

无公害果品采收前 20 天停止用药，个别易分解的农药在此期间慎用，保证国家残留量标准的实施。对喷施农药后的器械、空药瓶或剩余药液及作业防护用品要注意安全存放和处理，以防产生新的污染。

附　录

附录1　桃园周年管理工作历(石家庄)

月份	物候期	主要工作内容
1	休眠期,土壤冻结	1. 冬季修剪(主要指盛果期树,幼树可以推迟) 2. 伤口涂抹保护剂 3. 刮治介壳虫 4. 总结当年的工作,制订翌年全园管理计划
2	休眠期,土壤冻结	1. 继续冬季修剪 2. 准备好当年果园用药、肥料等相关农资
3	根系开始活动,下旬花芽膨大	1. 3月上旬仍进行冬季修剪 2. 清理果园,刮树皮。注意保护天敌 3. 熬制并喷施石硫合剂 4. 追肥,并浇萌芽水 5. 整地播种育苗 6. 定植建园 7. 防治蚜虫 8. 带木质部芽接高接桃树

续附录1

月份	物候期	主要工作内容
4	根系活动加强，4月上中旬开花，中下旬展叶，枝条开始生长	1. 防治金龟子 2. 预防花期霜冻。疏花蕾，疏花，花期采花粉，进行人工授粉 3. 播种育苗 4. 花前和花后防治蚜虫 5. 花后追肥、灌水 6. 红颈天牛幼虫开始活动，人工钩杀 7. 病虫害预测预报 8. 种植绿肥(果园生草，如白三叶草等)
5	新梢加速生长，幼果发育，并进入硬核期	1. 疏果，定果，套袋(尤其是中、晚熟品种和油桃) 2. 防治蚜虫、卷叶蛾，结合喷药进行根外追肥，可以喷施0.3%尿素 3. 防治穿孔病、炭疽病、褐腐病、黑星病及梨小食心虫，钩杀红颈天牛幼虫 4. 追肥，灌水，以钾肥为主，配合氮、磷肥 6. 夏季修剪 7. 搞好病虫害预测预报，尤其是食心虫类预测预报
6	上旬极早熟品种成熟，中下旬早熟品种成熟，新梢生长高峰	1. 果实采收 2. 上中旬防治红蜘蛛，整月钩杀红颈天牛幼虫 3. 夏季修剪(摘心、疏枝)，防果实和枝干日灼 4. 防治椿象、介壳虫、梨小食心虫和桃蛀螟 5. 果实成熟前20天左右追肥，以钾肥为主，施肥后浇水。结合喷药，喷0.3%～0.5%磷酸二氢钾 6. 当年速生苗嫁接

续附录1

月份	物候期	主要工作内容
7	新梢旺盛生长，中早熟、中熟品种成熟	1. 果实采收，销售 2. 夏季修剪(摘心、疏枝和拉枝) 3. 果实成熟前15天追肥，以钾肥为主，施肥后浇水 4. 捕捉红颈天牛成虫，防治桃潜叶蛾、梨小食心虫、桃蛀螟和苹小卷叶蛾 5. 注意排水防涝 6. 雨季到，注意防治各种病害
8	晚熟品种成熟，新梢开始停止生长	1. 套袋品种果实解袋，晚熟不易着色品种铺反光膜，果实采收，销售 2. 夏季修剪(疏枝，拉枝) 3. 追采后肥(树势弱的树) 4. 苗圃地芽接。大树高接换优 5. 播种毛叶苕子 6. 防治桃潜叶蛾、卷叶蛾、梨小食心虫等，剪除黑蝉危害的枯梢，一并烧毁 7. 注意排水防涝和防治果实病害
9	枝条停止生长，根系生长进入第二个高峰期	1. 秋施基肥，配以氮、磷肥和适量微肥，如铁、锌、镁、钙和锰等 2. 防治椿象等，中旬主干绑草把或诱虫带，诱集越冬害虫 3. 幼龄树行间生草 4. 晚熟品种果实采收

续附录1

月份	物候期	主要工作内容
10	中旬开始落叶，养分开始向根系输送，极晚熟品种成熟	1. 施基肥 2. 防治大青叶蝉
11	中旬落叶完毕，开始进入休眠	1. 清除园中杂草、枯枝和落叶 2. 苗木出圃 3. 苗木秋冬栽植 4. 灌封冻水
12	自然休眠期	1. 树干、主枝涂白 2. 清园

附录 2　桃园病虫害周年防治历(石家庄)

月份	生育期	防治对象	防治措施
1～3月	休眠期至萌芽前	树上及枯枝、落叶和杂草中越冬病菌、虫等	1. 新建园时尽可能避免桃、梨等混栽,新种植苗木要去除并烧毁有病虫的苗木,尤其是有根癌病的苗木 2. 冬剪时彻底剪除病枝和僵果,集中烧毁或深埋 3. 早春发芽前彻底刮除树体粗皮、剪锯口周围死皮,消灭越冬态害虫和病菌。早春出蛰前集中烧毁诱集草把。收集消灭纸箱、水泥纸袋等诱集的茶翅蝽成虫。注意保护天敌 4. 清除果园内枯枝、落叶和杂草,消灭越冬成虫、蛹、茧和幼虫等 5. 休眠期用硬毛刷,刷掉枝条上的越冬桑白蚧雌虫,并剪除受害枝条,一同烧毁 6. 保护好大的剪锯口,并涂伤口保护剂 7. 树干大枝涂白,预防日灼、冻害,兼杀菌治虫 8. 萌芽前喷 3～5 波美度石硫合剂

续附录 2

月份	生育期	防治对象	防治措施
4～5月	开花、果实第一次膨大期、新梢旺盛生长	蚜虫、椿象类（绿盲蝽和茶翅蝽）、梨小食心虫、卷叶蛾、桑白蚧、螨类（山楂红蜘蛛等）、金龟子（苹毛金龟子和黑绒金龟）等害虫	1. 加强综合管理，增强树势，提高抗病能力 2. 改善果园生态环境，采取地面秸秆覆盖、地面覆膜、科学施肥等措施抑制或减少病虫害发生 3. 果园生草和覆盖。种植驱虫作物或诱虫作物（种植向日葵诱杀桃蛀螟，种植香菜、芹菜可诱杀茶翅蝽） 4. 刚定植的幼龄树，应进行套袋，直到黑绒金龟成虫危害期过后及时去掉套袋。地面施药，控制潜土成虫，常用药剂有 5%辛硫磷颗粒剂，每 667 米^2 撒施 3 千克 5. 花前或花后喷吡虫啉防治蚜虫。一般掌握喷药及时细致、周到，不漏树、不漏枝，1 次即可控制 6. 苹毛金龟子成虫在花期危害较大，在树下铺上塑料布，早晨或傍晚人工敲击树干，使成虫落于塑料布上，然后集中杀死 7. 花后 15 天左右，喷施蚧杀特防治桑白蚧 8. 展叶后每 10～15 天，喷 1 次代森锰锌可湿性粉剂，或硫酸锌石灰液，或甲基硫菌灵，或戊唑醇，或苯醚甲环唑，防治细菌性穿孔病、疮痂病、炭疽病和褐腐病等 9. 黑光灯诱杀。常用 20 瓦或 40 瓦的黑光灯管作光源，在灯管下接一个水盆或一个大广口瓶，瓶（盆）中放些毒药，以杀死掉进的害虫。此法可诱杀许多害虫，如桃蛀螟、卷叶蛾、金龟子等

续附录 2

月份	生育期	防治对象	防治措施
4～5月	开花、果实第一次膨大期、新梢旺盛生长	炭疽病、疮痂病、细菌性穿孔病等病害	10. 糖醋液诱杀。梨小食心虫、卷叶蛾、桃蛀螟、红颈天牛等对糖醋液有趋性，可利用该习性进行诱杀。将糖醋液盛在水碗或水罐内即制成诱捕器，将其挂在树上，每天或隔天清除死虫，并补足糖醋液，配方为：糖 5 份，酒 5 份，醋 20 份，水 80 份。目前诱杀梨小食心虫较好的配方是：绵白糖、乙酸（分析纯）、无水乙醇（分析纯）及自来水的比例为 3∶1∶3∶80 11. 性诱剂预报和诱杀。利用性外激素进行预报并诱杀梨小食心虫、卷叶蛾、红颈天牛和桃潜叶蛾等 12. 5 月上中旬喷 35％氯虫苯甲酰胺水分散粒剂 7000～10000 倍液、25％灭幼脲悬浮剂 1500 倍液、2％甲维盐微乳油 3000 倍液、20％杀脲灵乳油 8000～10000 倍液、2.5％高效氯氟氰菊酯乳油 3000 倍液，防治梨小食心虫、椿象（绿盲蝽和茶翅蝽）、桑白蚧和潜叶蛾 13. 及时剪除梨小食心虫危害的新梢、桃缩叶病的病叶和病梢、局部发生的桃瘤蚜危害梢、黑蝉产卵的枯死梢等并烧掉。挖除红颈天牛幼虫。人工刮除腐烂病，用混合脂肪酸 5～10 倍液涂抹病疤。利用茶翅蝽成虫出蛰后在墙壁上爬行的习性进行人工捕捉 14. 保护和利用天敌，如红点唇瓢虫、黑缘红瓢虫、七星瓢虫、异色瓢虫、龟纹瓢虫、中华草蛉、大草蛉、丽草蛉、小花蝽、捕食螨、蜘蛛和各种寄生蜂和寄生蝇等

续附录 2

月份	生育期	防治对象	防治措施
6月至7月上旬	新梢生长高峰、硬核期、早熟品种成熟	螨类、卷叶蛾、红颈天牛、桃蛀螟、梨小食心虫、茶翅蝽、桃绿吉丁虫等害虫 褐腐病、炭疽病等病害	1. 加强夏季修剪，使树体通风透光 2. 在桃树行间或果园附近，不宜种植烟草、白菜等农作物，以减少蚜虫的夏季繁殖场所 3. 人工捕捉红颈天牛。红颈天牛成虫产卵前，在主干基部涂白，防止成虫产卵。产卵盛期至幼虫孵化期，在主干上喷施氯氰菊酯乳油。人工挖其幼虫 4. 喷施阿维菌素，防治山楂叶螨和二斑叶螨 5. 每 10～15 天喷杀菌剂 1 次，防治褐腐病、炭疽病等。可选用戊唑醇、苯醚甲环唑、甲基硫菌灵、代森锰锌可湿性粉剂等 6. 利用性诱剂预报和诱杀桃蛀螟、梨小食心虫、桃小食心虫等，在预报的基础上，进行化学防治，可喷施 35%氯虫苯甲酰胺水分散粒剂 7000～10000 倍液、25%灭幼脲悬浮剂 1500 倍液、2%甲维盐微乳油 3000 倍液、48%毒死蜱乳油 1500 倍液。及时剪除梨小食心虫危害桃梢 7. 6 月上旬，及时剪除茶翅蝽的卵块并捕杀初孵若虫 8. 当桃绿吉丁虫幼虫危害时，其树皮变黑，用刀将皮下幼虫挖出 9. 已进入旺盛生长季节，易发生缺素症，可进行根外喷肥补充所需营养 10. 保护和利用各种天敌资源

续附录 2

月份	生育期	防治对象	防治措施
7月中下旬	中熟品种成熟、果实成熟期	梨小食心虫、白星花金龟子、黑蝉、红颈天牛等害虫	1. 适时夏剪，改善树体结构，通风透光。及时摘除病果，减少传染源 2. 利用白星花金龟成虫的假死性，于清早或傍晚，在树下铺塑料布，摇动树体，捕杀成虫。利用其趋光性，夜晚时在地头或行间点火，使金龟子向火光集中，坠火而死。利用其趋化性，挂糖醋液瓶或烂果，诱集成虫，然后收集杀死 3. 及时剪除黑蝉产卵枯死梢。发现有吐丝缀叶者，及时剪除，消灭正在危害的卷叶蛾幼虫 4. 利用性诱剂预报和诱杀梨小食心虫，在预报的基础上，可喷施甲维盐和毒死蜱等进行化学防治。及时剪除梨小食心虫危害桃梢 5. 人工挖除红颈天牛幼虫 6. 在果实成熟期内不喷任何杀虫和杀菌剂

续附录 2

<table>
<tr><th>月份</th><th>生育期</th><th>防治对象</th><th>防治措施</th></tr>
<tr><td rowspan="2">8～10月</td><td rowspan="2">晚熟品种成熟、枝条停止生长、养分回流到根系</td><td>梨小食心虫、红颈天牛、潜叶蛾、茶翅蝽、大青叶蝉等害虫</td><td rowspan="2">1. 在进行预报的基础上，防治梨小食心虫。在树干束草诱集越冬梨小食心虫幼虫
2. 喷氯氰菊酯乳油和灭幼脲，防治潜叶蛾和一点叶蝉
3. 人工挖除红颈天牛幼虫
4. 在大青叶蝉发生严重地区，进行灯光诱杀
5. 8月下旬后在主枝上绑草把，诱集越冬的成虫和幼虫
6. 茶翅蝽有群集越冬的习性，秋季在果园附近空房内，将纸箱、水泥纸袋等折叠后挂在墙上，能诱集大量成虫在其中越冬。或在秋冬傍晚于果园房前屋后、向阳面墙面捕杀茶翅蝽越冬成虫
7. 结合施有机肥，深翻树盘，消灭部分越冬害虫。加入适量微量元素（如铁、钙、硼、锌、镁和锰等），防治缺素症发生</td></tr>
<tr><td>疮痂病等病害</td></tr>
<tr><td>11～12月</td><td>落叶、进入休眠期</td><td>树上越冬病原和虫</td><td>落叶后树干、大枝涂白，防止日灼、冻害，兼杀菌治虫。涂白剂配制方法：生石灰 12 千克，食盐 2～2.5 千克，大豆汁 0.5 千克，水 36 升</td></tr>
</table>

注：农药的使用浓度请参照说明书。

附录3　绿色食品级桃果品生产的农药使用标准

绿色食品生产应严格按照中华人民共和国农业行业标准(NY/T 393—2000),绿色食品农药使用准则的规定执行。

(一)允许使用的农药种类

1. 生物源农药

(1)微生物源农药

①农用抗生素　防治真菌病害的有灭瘟素、春雷霉素、多抗霉素、井冈霉素、嘧啶核苷类抗生素和中生菌素等。防治螨类有浏阳霉素、华光霉素。

②活体微生物农药　真菌剂有蜡蚧轮枝菌等;细菌剂有苏云金杆菌和蜡质芽孢杆菌等;拮抗菌剂;昆虫病原线虫;微孢子;病毒有核多角体病毒。

(2)动物源农药　昆虫信息素(或昆虫外激素)如性信息素。活体制剂如寄生性和捕食性的天敌动物。

(3)植物源农药　杀虫剂有除虫菊素、鱼藤酮、烟碱、植物油等。杀菌剂有乙蒜素。拒避剂有印楝素、苦楝、川楝素。增效剂有芝麻素。

2. 矿物源农药

(1)无机杀螨杀菌剂　硫制剂有硫黄悬浮剂、硫黄水分散粒剂和石硫合剂等。铜制剂有硫酸铜、氧氯化铜、氢氧化铜和波尔多液等。

(2)矿物油乳剂　机油乳剂等。

3. 有机合成农药　由人工研制合成,并由有机化学工业生产的商品化的一类农药,包括中等毒和低毒类杀虫杀螨剂、杀菌剂和除草剂。

(二)使用准则

绿色食品生产应从作物-病虫草等整个生态系统出发,综合运用各种防治措施,创造不利于病虫草害滋生和有利于各类天敌繁衍的环境条件,保持农业生态系统的平衡和生物多样化,减少各类病虫草害所造成的损失。

优先采用农业措施,通过选用抗病抗虫品种,非化学药剂种子处理,培育壮苗,加强栽培管理,中耕除草,秋季深翻晒土,清洁田园,轮作倒茬和间作套种等一系列措施起到防治病虫草害的作用。

还应尽量利用灯光、颜色诱杀害虫,机械捕捉害虫,机械和人工除草等措施,防治病虫草害。特殊情况下,必须使用农药时,应遵守以下准则。

1. 生产AA级绿色食品的农药使用准则

(1)应首选使用AA级绿色食品生产资料农药类产品。

(2)在AA级绿色食品生产资料农药类不能满足植保工作需要的情况下,允许使用以下农药及方法。

中等毒性以下植物源杀虫剂、杀菌剂、拒避剂和增效剂,如除虫菊素、鱼藤根、烟草水、乙蒜素、苦楝、川楝、印楝素、芝麻素等。释放寄生性捕食性天敌动物,如昆虫、捕食螨、蜘蛛及昆虫病原线虫等。在害虫捕捉器中允许使用昆虫信息素及植物源引诱剂。允许使用矿物油和植物油制剂。允许使用矿物源农药中的硫制剂和铜制剂。经专门机构核准,允许有限度地使用活体微生物农药,如真菌制剂、细菌制剂、病毒制剂、放线菌、拮抗菌剂、昆虫病原线虫、原虫等。允许有限度地使用农用抗生素,如春雷霉素、多抗霉素、井冈霉素、嘧啶核苷类抗生素、中生菌素、浏阳霉素等。

(3)禁止使用有机合成的化学杀虫剂、杀螨剂、杀菌剂、杀线虫剂、除草剂和植物生长调节剂。

(4)禁止使用生物源、矿物源农药中混配有机合成农药的各种制剂。

(5)严禁使用基因工程品种(产品)及制剂。

2. 生产A级绿色食品的农药使用准则

(1)应首选使用AA级和A级绿色食品生产资料农药类产品。

(2)在AA级和A级绿色食品生产资料农药类产品不能满足植保工作需要的情况下,允许使用以下农药及方法。

中等毒性以下植物源农药、动物源农药和微生物源农药。在矿物源农药中允许使用硫制剂、铜制剂。可以有限度地使用部分有机合成农药,并按GB 4285、GB 8321.1、GB 8321.2、GB 8321.3、GB 8321.4、GB/T 8321.5的要求执行。

此外,还需严格执行以下规定:

①应选用上述标准中列出的低毒农药和中等毒性农药。

②严禁使用剧毒、高毒、高残留或具有“三致”毒性(致癌、致畸、致突变)的农药。

③每种有机合成农药(含A级绿色食品生产资料农药类的有机合成产品)在一种作物的生长期内只允许使用1次(其中菊酯类农药在作物生长期只允许使用1次)。

④应按照GB 4285、GB 8321.1、GB 8321.2、GB 8321.3、GB 8321.4、GB/T 8321.5的要求控制施药量与安全间隔期。

⑤有机合成农药在农产品中的最终残留应符合GB 4285、GB 8321.1、GB 8321.2、GB 8321.3、GB 8321.4、GB/T 8321.5的最高残留限量要求。

⑥严禁使用高毒、高残留农药防治贮藏期病虫害。

⑦严禁使用基因工程品种(产品)及制剂。

附录 4　有机果品级桃果品生产的农药使用标准

有机果品生产应严格按照 GB/T 19630.1—2009 中的规定执行。

病虫草害防治的基本原则应是从作物-病虫草害整个生态系统出发，综合运用各种防治措施，创造不利于病虫草害滋生和有利于各类天敌繁衍的环境条件，保持农业生态系统的平衡和生物多样化，减少各类病虫草害所造成的损失。优先采用农业措施，通过选用抗病虫品种，非化学药剂种子处理，培育壮苗，加强栽培管理，中耕除草，秋季深翻晒土，清洁田园，轮作倒茬、间作套种等一系列措施起到防治病虫草害的作用。还应尽量利用灯光、色彩诱杀害虫，机械捕捉害虫，机械和人工除草等措施，防治病虫草害。

以上方法不能有效控制病虫害时，允许使用 GB/T 19630.1—2009 标准中附录 B 所列出的物质。使用附录 B 未曾列入的物质时，应由认证机构按照 GB/T 19630.1—2009 标准中附录 D 的准则对该物质进行评估，并获得认证主管部门审议批准。

参考文献

［1］ 汪祖华，庄恩及.中国果树志—桃卷［M］.北京：中国林业出版社，2001.

［2］ 郗荣庭.果树栽培学总论［M］.北京：中国农业出版社，2000.

［3］ 马之胜，等.桃优良品种及无公害栽培技术［M］.北京：中国农业出版社，2003.

［4］ 马之胜，等.桃病虫害防治彩色图说［M］.北京：中国农业出版社，2000.

［5］ 马之胜，贾云云.无公害桃安全生产手册［M］.北京：中国农业出版社，2008.

［6］ 马之胜，贾云云.桃安全生产技术指南［M］.北京：中国农业出版社，2012.

［7］ 冯建国，等.无公害果品生产技术［M］.北京：金盾出版社，2000.

［8］ 姜全，俞明亮，张帆，王志强.种桃技术 100 问［M］.北京：中国农业出版社，2009.